身につく

ベイズ統計学

涌井良幸・涌井貞美 著

F.B.S.
ファースト
ブック
STEP

技術評論社

はじめに

　本書はベイズの理論についての標準的な入門テキストになることを意図して作成されました。

　ベイズの理論に関して、「わかりにくい」、「複雑だ」といった話をよく耳にします。確かに、ベイズの理論に関する文献をひも解くと、たくさんの数学記号が紙面を埋めていたり、著者の研究分野に偏った内容に主眼が置かれたりしていて、けっして易しいという印象は受けません。統計や数理科学に長けている研究者は別かもしれませんが、これからベイズ理論を学ぼうとする人には、とっつきにくい内容になっています。

　ところで、この10年、ベイズの理論は幅広い分野で活用されるようになりました。例えば、ホームページの検索で有名なグーグルでは、効率の良い検索ができる論理としてベイズの理論が利用されています。また、電子メールの迷惑メールの振り分けに、この考え方が活かされています。「感情が経済を動かしている」と主張する行動経済学などの分野でも、盛んに利用されるようになってきました。したがって、ベイズの理論について、「難しい」といって逃げることができない時代に突入しているのです。

　本書は、このような時代の中で企画されたベイズ理論の入門書・応用書です。できるだけ高度の数学は回避し、直観的な記述を採用しています。また、グラフを多用し、視覚的な理解が得やすいように構成されています。また、冗長という批判を恐れず、記述をできるだけパターン化して繰り返し、原理が記憶に残るようにしました。

　近年、マスコミ界ではAI（人工知能）の研究やビッグデータ、IoT（モノのインターネット）など、情報理論の言葉が日常的に飛び交っています。その最新の世界にもベイズの理論は活躍の場を広げています。このように脚光を浴びるベイズの理論の普及に本書が少しでも役立つことを希望します。

　最後になりましたが、技術評論社の渡邉悦司氏に本書作成のすべての過程で丁寧なご指導を仰ぎました。この場をお借りして、お礼を述べさせていただきます。

2016年春　著者

Contents

序章 ベイズの理論の考え方 — 7
参考 ベイズの理論の歴史 — 14

第1章 ベイズ理論のための確率・統計の基本 — 15
1.1 確率の定義と公理 — 16
1.2 条件付き確率と乗法定理 — 23
1.3 試行の独立と反復試行の確率の定理 — 27
1.4 確率変数と確率分布 — 29
1.5 尤度関数と最尤推定法 — 34
1.6 同時分布と周辺確率、周辺分布 — 38

第2章 ベイズの定理とその応用 — 41
2.1 ベイズの定理 — 42
2.2 ベイズの定理の変形とベイズの基本公式 — 47
2.3 事前確率の大切さ — 52
2.4 理由不十分の原則とベイズ更新 — 56
2.5 ナイーブベイズ分類 — 64
2.6 パターン認識とMAP推定 — 70
参考 最尤推定法とMAP推定法の違い — 74

第3章 ベイジアンネットワーク — 75
3.1 ベイジアンネットワークとは — 76
3.2 簡単なベイジアンネットワークの計算法 — 78
3.3 ベイジアンネットワークの実際の計算 — 84

第4章 ベイズ統計学の基本 — 87
4.1 ベイズ統計学の基本公式 — 88
4.2 ベイズ統計学の簡単な例（1）
… 離散的な母数の場合 — 96

4.3 ベイズ統計学の簡単な例（2）
　　　… コインの表裏の出方 —————————— 102
4.4 ベイズ統計学の簡単な例（3）
　　　… 缶ビールの内容量 —————————— 106
　　　参考 正規分布の形の積分公式 ————— 112

第5章 ベイズ統計学の応用 ——————————— 113

5.1 ベルヌーイ分布とベイズ統計学 ———————— 114
5.2 二項分布とベイズ統計学 ——————————— 124
5.3 正規母集団の母平均とベイズ統計学 —————— 128
5.4 頻度論の推定とベイズ統計学 ————————— 131
5.5 MAP推定法とベイズ統計学 —————————— 136
5.6 モデルの評価とベイズ因子 —————————— 139
5.7 回帰分析とベイズ統計学 ——————————— 145

第6章 自然な共役事前分布 ————————————— 153

6.1 ベイズ統計学と自然な共役事前分布 —————— 154
6.2 ベルヌーイ分布、二項分布の自然な共役事前分布 — 157
6.3 二項分布と自然な共役事前分布の有名な応用例 — 162
6.4 正規分布の自然な共役事前分布
　　　（母分散既知の場合）———————————— 166
6.5 正規分布の自然な共役事前分布
　　　（母分散未知の場合）———————————— 170
6.6 ポアソン分布の自然な共役事前分布 —————— 178

第7章 階層ベイズ法とMCMC法 —————————— 183

7.1 古典的統計モデルと最尤推定法 ———————— 184
7.2 階層ベイズ法の考え方 ——————————— 190
7.3 階層ベイズ法の具体例 ——————————— 193
7.4 階層ベイズ法をMCMC法により計算 ————— 198

付録A	7章の§7.1、7.3の例題のデータ	206
付録B	ベイズ統計で利用されるExcel関数	207
付録C	一般的な線形回帰モデルの事後分布の算出	208
付録D	正規母集団の標本平均の扱い方（母分散既知のとき）	212
付録E	逆ガンマ分布とガンマ分布の関係	217
付録F	正規母集団の標本平均の扱い方（母分散未知のとき）	218
付録G	MCMC法のしくみ	222
付録H	階層ベイズ法の問題をMCMC法で計算	230

●索引 ———————————————————— 237

■利用上の注意

- 本章はベイズ統計学の基本と応用をわかりやすく解説したものです。わかりやすさを優先しているので、表現において数学的に多少ゆるい箇所がありますがお許し下さい。

- データという言葉には多様な定義があります。本書では確率現象から得られた値やその集まりを単純にデータと呼んでいます。ちなみに、データ (data) は datum の複数形ですが、「1つのデータ」という表現もお許しください。

- 「正規分布に従うデータ D が得られた」などという簡略表現を利用しています。正式には「正規分布に従う確率変数 X の値としてデータ D が得られた」などと表現しなければならないのですが、冗長になるので簡略表現で代用しています。

- 資料やデータは、注記のない限り、仮想的なものです。そこで、数値処理において、有効桁について厳密には扱っていません。

- 数値の丸めのために、小数の最後の位で計算結果が一致しないことがあります。

- 計算にはマイクロソフト Excel を用いています。なお、わかりやすさを優先したため、計算処理の高速化は考えていません。（本書に掲載した Excel のバージョンは Excel2013 です。）

ベイズの理論の考え方

　簡単な例を通して、ベイズの理論の考え方とその特徴を調べることにします。ベイズ統計学のイントロとして軽くお目通しください。

細かい話しは後に回すことにして、この章では大まかなベイズの理論の考え方を紹介します。その理論の面白さの一端が垣間見えるでしょう。

❖ いろいろな確率の考え方

一つの事例を考えます。X氏が通勤途上の宝くじ売り場Aで宝くじを1枚買ったところ、1万円の当たりくじとなりました。幾日かおいて、その売り場Aで再度1枚買ったところ、また1万円の当たりくじとなりました。また数日置いて、X氏はその売り場Aの前で足を止めました。そして、次の3つの考え方にぶつかり、悩むことになりました。

① 「2度あることは3度ある」という格言から、3回目もこの宝くじ売り場Aで購入すると、当たる確率は高い。

② 「いいことは何度も続かない」の格言から、3回目にその宝くじ売り場Aで購入すると、当たる確率は低い。

③ 「明日は明日の風が吹く」の格言があるように確率現象は気まぐれであり、3回目はどこで買っても当たる確率は同じ。

これら3つの考え方のどれを採用するのが正しいでしょうか？

日本の宝くじは「公正」に運営されています。したがって、この事例の場合には正しい考え方は③です。どこで売られた宝くじでも、その1本の当選確率は等しいのです。

しかし、人の感性はそうではありません。多くの人は①の考え方を採用します。宝くじ売り場に掲げられた「当店から1億円当選者続出」などの宣伝文句が説得性を持つのはそのためです。では、多くの人は誤った感性を持っているのでしょうか？「2度あることは3度ある」という格言は間違いなのでしょうか？

周知のように、一つの論理の正否は依って立つ仮定の成否にかかってい

ます。宝くじの場合に③が正しいのは「日本の宝くじは『公正』に運営されている」という仮定が成立するからです。もしその仮定が疑われるならば③が正しい保障はありません。いかがわしい団体が運営する「くじ」については、③が正しいとは限らないのです。

仮定の成否によって、確率は色々な風に解釈できます。確率論は一つではないのです。そして、ベイズの理論は色々ある確率論の中の一つです。「2度あることはきっと3度ある」と考える人を正当化する確率論なのです。

❖頻度論

宝くじの例では「③が正しい」とされます。くじは「公正」と仮定しているので、くじを引く前にそのくじの「当たる確率」は「ある値」に確定していると考えるからです。このように、「予め確率は一定値」と考える確率論は、中学校や高等学校で教える確率論です。

この考え方を見るには中学の教科書に必ず載っている「サイコロ」の例が最適でしょう。1個のサイコロを投げるとき、「1の目の出る確率は1/6である」ことが仮定されます。どの目も同じ確からしさで現れるという公正さが仮定されているからです。

また、その教科書に必ず載っている「コイン」の例もしかりです。1枚のコインを投げるとき、「表の出る確率は1/2である」ことが仮定されます。表も裏も同じような確からしさで現れるという公正さが前提とされているからです。

ところで、サイコロやコインの場合、「予め確率は一定値」とされることの正しさはどのように確かめられるでしょうか。それは実験を繰り返し行うことで確かめられます。例えばコインの場合には、そのコインを何回も投げ、結果として表裏が半々出れば「表裏の出る確率は各々1/2」といえ

ることになります。サイコロもしかりです。

このように、何回も実験して確かめられることを前提とする確率論を **頻度論** と呼びます。中学校や高等学校で扱う確率論はこの頻度論です。20世紀までの確率・統計学の主流の論理です。現代を支える生産管理や疫学、実験計画などで大いに活躍しています。

❖頻度論で扱えない確率

いま述べたように、頻度論の基底にあるのは「何度も試行を繰り返せる」という仮定ですが、それが不可能の場合にはどうすればよいでしょうか。実際、この仮定が満たされない場合が多々あります。例えば、次のような日常の例を考えてみましょう。

(例1) A君のB大学合格確率は50%
(例2) 明日の株価が上昇する確率は80%
(例3) 僕が彼女の愛を射止める確率10%
(例4) 新開発の抗癌薬Cが末期患者に効く確率は50%

日常会話で用いる限り、これらの例文は何の違和感もないでしょう。しかし、「頻度論」的な立場で見直すと問題が生じます。

(例1) の「大学合格確率」50%を確かめるには、頻度論的にはA君は何回もB大学を受験しなければなりません。しかし、大学入試の機会はそれほど多くはありません。すると、この合格確率50%は何を意味するのでしょうか？ **(例2)**、**(例3)** も同様です。明日の株価は1回限りのものですし、人の愛を射止めるかどうかも繰り返せるものではありません。**(例4)** の新薬についても、命に直接関わる薬の場合には多くの人にその効能をテストすることは出来ないでしょう。

このように、日常的に用いられる「確率」概念は、学校で教えられる頻度論とは相容れない場合があります。これらを取り込める新しい理論が求められます。その代表がベイズの理論です。

❖ベイズの理論の考え方

ベイズの理論の考え方を見るために、1枚のコインを1回投げ、「表」が出る事象の確率（略して「表の出る確率」）を考えてみましょう。

繰り返しますが、頻度論では「表の出る確率」は例えば1/2と固定して

考えます。それに対してベイズの理論では、「表の出る確率」を変数（すなわち確率変数）と捉えます。そして、例えば「表」が出たというデータを得て始めて確率変数の様子（すなわち確率分布）が解明されると考えるのです。

ベイズの理論では、「表の出る確率」を変数（すなわち確率変数）と捉える。
「表」が出たというデータを得たならば、その確率分布が修正される。

　頻度論とベイズの理論では、この例からわかるように、出発点が異なります。頻度論は「固定した確率」からデータが生まれ、ベイズの理論ではデータから確率分布が得られると考えるのです。

❖ベイズの理論は様々な確率概念を包含

　「データから確率分布が得られる」というベイズの理論の考え方は、頻度論よりも拡張性に富みます。頻度論は仮定した確率値が正しいかを確かめるために、試行を何回も繰り返す必要があります。それに対してベイズの理論では、たった1個のデータからも妥当な結論を引き出すことが出来るのです。この性質のお陰で、先の**（例1）～（例4）**などの確率現象を十分に分析対象とすることが出来ます。人間の信念や確信、理解度など、更に抽象的な内容についてもベイズの理論は研究対象にすることが可能なのです。現代においてAI（人工知能）や経済学、心理学でベイズの理論が多用される理由はここにあります。

❖「とりあえず」を認めるベイズ統計

　いくらベイズの理論が様々な確率現象の分析に柔軟に対応できるからといっても、当然それを適用する際には仮定が必要です。ベイズの理論は「データが得られるたびに確率分布が変化する」という考え方をとるのですが、データを得る前の確率分布の初期値に仮定が必要です。データを得る前の

確率分布を**事前分布**といいます。具体的なデータがないときにも、それを適当にセットしなければならないのです。

　事前分布は先見的に決定できるものではありません。ある意味、いい加減に仮定するのです。この「いい加減さ」「曖昧さ」がベイズの理論が忌み嫌われてきた最大の理由でした。ところが最近では、この「曖昧さ」が「魅力」に変化しました。そこに人間の経験やカンを取り入れる余地があるからです。「とりあえず経験やカンで事前分布を決める」というこの発想は、数学的に受け入れられないかもしれませんが、複雑なデータに果敢に対応できる自由度として認められるようになったのです。事前分布を自在に操ることで、ベイズの理論は魔法の剣になるのです。

❖ 多様化の時代に応えるベイズ統計学

　頻度論の統計学の出発点は農業データの分析です。どんな肥料が何に効くか、どんな環境が飼育に適しているか、などに応えるための統計学です。この統計学は、分析の対象があまり強い個性を持つことが嫌われます。例えば麦の栽培テストをするときに、その麦の種が個性豊かなものでは良いデータが得られず、分析は困難になるでしょう。

　データの「均一性」というこの条件は、工場生産のための品質管理（QC）には有効です。一様な品質を工場生産は前提とするからです。そこで、頻度論を土台にしたQCは大量生産時代には大きな成果を挙げることになります。日本の製品の品質が良くなったのも、この成果のおかげと言われています。

　しかし、現代は多様化と個性化の時代です。例えば、消費の世界において、「均一性」の条件などは期待できません。麦などを対象にした従来の統計学は、個性豊かな人間の消費行動には対応しづらいのです。個性あるデータに対してもっと自由度の高い統計学が現代のマーケティングの分析に必要なのです。そこにベイズ統計学が活かされます。

　既に述べたように、ベイズ統計学は「事前分布」というアイデアを導入します。この事前確率の導入によって個々の分析対象を汎用の部分と個性の部分に分け、個性の部分をその事前分布で統率するということが可能になります。「階層ベイズ法」と呼ばれる技法ですが、こうして個性豊かなデータ集団に対して、統計分析が可能になるのです。

❖ビッグデータの時代に応える統計学

現代はビッグデータの分析が不可欠です。ビックデータはクラウドサーバーなどに蓄積された大規模情報をいいますが、この大規模情報のおかげで人間の行動や物の動きが以前にも増して詳細に追跡できるようになりました。ところで、たくさんのデータを集めれば、個々の人間の行動をより正確につかめるのは当然です。しかし、いくら多量のデータを集めても、個々の購買嗜好までは把握しづらいものです。多様化・個性化の時代、新商品を開発しても、顧客が本当にそれを買ってくれるかを予想することは、ビッグデータの時代でも困難なのです。

しかし、この困難にベイズ統計学は果敢に挑戦しています。例えば、ベイズ統計学は、消費行動を「個差」と「共通性」に分けて捉えられます。「個差」に対しては、ビッグデータから得られた一般的なデータ分析の結果を確率として表現します。「共通性」に対しては、「経験」や「常識」を、すなわち各界のプロの考えなどを取り入れ事前分布として表現します。そして、これら2種の確率情報を組み合わせることで、多様化の進む複雑怪奇なビックデータを統計分析するのです。統計学はますます面白い時代になっています。

❖学習上の注意点

ベイズの理論は大変素直な論理であり、学習は容易なはずです。しかし、頻度論を先にマスターした人は入り口で躓くことがあります。馴染んだ発想法を転換するのは容易ではないからでしょう。そのとき、指針となるのが次の当然の原理です。

ベイズの理論は「ベイズの定理」ただ一つから出発している！

「ベイズの定理」については後に詳しく調べますが、ベイズの理論の応用は、すべてこの「ベイズの定理」から出発しています。応用はその解釈の仕方に依存しているのです。このことを頭に入れておけば、大きな誤解を生じることはありません。

参考 ベイズの理論の歴史

　統計学でよく知られているように、頻度論と呼ばれる大きな流れはエゴン・ピアソン（1895〜1980）とイェジ・ネイマン（1894〜1981）によって作られました。仮説検定、統計的推定など、高校や大学の一般的な教科書に載っている有名な論理は彼らを中心に確立されたのです。

　ところで、ベイズの理論の中心となる「ベイズの定理」は、彼らよりもかなり以前にイギリスのトーマス・ベイズが考案したといわれます。ピアソンやネイマンが頻度論を確立する約150年も前のことです。

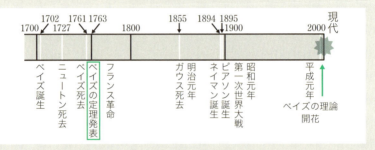

　ベイズの理論が広まらなかった理由はいくつかありますが、その一つがベイズの定理で利用される「事前確率」「事前分布」の曖昧性です。後に調べる計算でわかるように、この「事前確率」「事前分布」を数学的に厳密に決定するのは、多くの場合困難です。ベイズ統計学で扱う確率を**主観確率**と呼ぶ場合がありますが、それはこの不厳密性を指しています。そのあいまい性、非厳密性が近代の数学者や統計学者の反発を招いたのです。

　しかし、短所は長所に通じます。この「不厳密」ということが「柔軟性」という言葉に読み替えられるのです。すなわち、人間の経験則や感性を、「主観確率」として確率・統計学に取り込めることがわかったのです。この読み替えによって、ベイズの理論はITや金融、心理、人工知能など、人間の介在する様々な分野や、あいまい性を伴う情報分野で大活躍することになります。

ベイズ理論のための確率・統計の基本

　ベイズの理論で利用される確率・統計の世界の言葉と定理、考え方を確認しましょう。確率・統計論のすべてを解説するものではありませんが、ベイズ統計学を理解するのに必要にして十分な知識を紹介します。確率論や統計学になれ親しんでいる場合は読み飛ばしてください。

1.1 確率の定義と公理

ベイズの理論の基本となるのが**条件付き確率**です。それを理解するのに必要な言葉や記号の意味を順に確認しましょう。

❖試行と事象

確率を考えるとき、一番わかりやすい例はサイコロです。このサイコロを例にして、話を進めます。

いま、サイコロを1個投げ、「偶数の目の出る確率」を考えてみましょう。サイコロを「投げる」というこの操作を**試行**（英語でtrial）といいます。その試行によって得られる結果を**事象**（英語でevent）といいます。

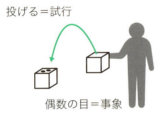

試行と事象
簡単にいうと、サイコロを「投げる」という操作を**試行**、その結果を**事象**という。

例1 上記のサイコロ1個を投げる試行において、「偶数の目が出る」事象 A は $\{2, 4, 6\}$ という目の集まり（すなわち集合）になります。

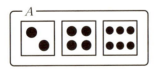

事象とは試行で得られる結果の集まり（すなわち集合）。

事象は試行によって得られる結果の集合と考えられます。その事象の中で、特別な名称が付けられている事象があります。「全事象」と「根元事象」です。**全事象**とは試行によって起こりうる結果全体の集合をいいます。通常 U で表されます。また、結果1個からなる事象を**根元事象**といいます。

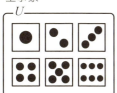
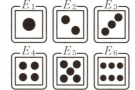

サイコロ1個を投げる試行における全事象[*1] U と根元事象 E_1、E_2、…、E_6。

❖ 頻度論による確率の定義

中学校や高等学校で習う確率・統計は「頻度論」と呼ばれます。この頻度論の確率の定義を確認しましょう。

> **定義　頻度論の確率の定義**
>
> ある試行において、事象 A に含まれる結果の個数を $n(A)$、全事象 U に含まれる結果の個数を $n(U)$ とします。根元事象の起こり方がどれも同様に確からしいとき、事象 A の確率 $P(A)$ は次のように定義されます。
>
> $$P(A) = \frac{n(A)}{n(U)} \tag{1}$$

難しそうな表現ですが、次の例が分かれば問題ありません。

例題1　どの目も同様に確からしく現れるサイコロ1個を投げるとき、偶数の目の出る事象 A の確率を求めよ。

解　$U = \{1, 2, 3, 4, 5, 6\}$、$A = \{2, 4, 6\}$ より、$n(U)$、$n(A)$ は次のように求められます。

$$n(A) = 3、n(U) = 6$$

1から6のすべての目の出方は同様に確からしいので、偶数の目の出る事象 A の確率 $P(A)$ は次のように得られます。

$$P(A) = \frac{3}{6} = \frac{1}{2} \quad \text{答}$$

[*1] 全事象は場合によっては**標本空間**とも呼ばれます。

❖和事象と積事象

ある試行の結果得られる2つの事象A、Bを考えましょう。AまたはBが起こる事象をA、Bの**和事象**といい、$A \cup B$と表します。また、それが起こる確率を次のように表現します。

$$P(A \cup B)$$

2つの事象A、Bがともに起こる事象をA、Bの**積事象**といい、$A \cap B$と表します。また、それが起こる確率を次のように表現します。

$$P(A \cap B)$$

これを事象A、Bの**同時確率**と呼びます。

例2 正しく作られた1個のサイコロを投げるとき、偶数の目の出る事象をA、4以上の目の出る事象をBとします。すると、

$$A = \{2,\ 4,\ 6\},\ B = \{4,\ 5,\ 6\}$$

これから、$A \cup B$、$A \cap B$は次のようになります。

$$A \cup B = \{2,\ 4,\ 5,\ 6\},\ A \cap B = \{4,\ 6\}$$

例題2 例2について、和事象の確率$P(A \cup B)$、同時確率$P(A \cap B)$を頻度論で求めよう。

解 上記例2より、$P(A \cup B) = \dfrac{4}{6} = \dfrac{2}{3}$、$P(A \cap B) = \dfrac{2}{6} = \dfrac{1}{3}$ **答**

❖頻度論的確率のイメージ化

確率を考えるとき、集合論と同様、事象を四角や丸で表現するとわかりやすくなります。例えば、全事象Uと事象Aを下図のような関係で表してみましょう。すると、前ページの「確率の定義式(1)」は、イメージ的に「Uの『面積』でAの『面積』を割った値が確率$P(A)$である」と捉えられます。

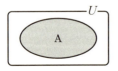

確率の定義式 (1) のイメージ。「Uの『面積』でAの『面積』を割った値が確率$P(A)$である」と捉えられる。
(これは集合論でいう「ベン図」に相当する。)

このイメージを利用すると、和事象$A \cup B$、積事象$A \cap B$は次の図のように示されます。

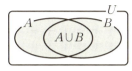 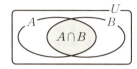

和事象$A \cup B$のイメージ　　　　積事象$A \cap B$のイメージ

❖排反事象と加法定理

ある試行の結果得られる2つの事象A、Bがあり、AとBに含まれるどの結果も同時には起こらないとき、AとBは**排反**であるといいます。また、互いに**排反事象**であるといいます。

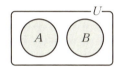

AとBが排反のイメージ*2。

AとBが排反のとき、和事象の確率は次のように表現されます。

> **定理　加法定理**
> $$P(A \cup B) = P(A) + P(B) \qquad (2)$$

これを確率の**加法定理**と呼びます。

例3　どの目も同様に確からしく出るサイコロ1個を投げたとき、偶数の目の出る事象をA、奇数の目の出る事象をCとしましょう。すると、

AとCは排反より　$P(A \cup C) = P(A) + P(C) = \dfrac{3}{6} + \dfrac{3}{6} \ (= 1)$　**答**

❖頻度論の確率の定義の問題点

序章に示したように、中学校や高等学校で習う確率・統計論は「頻度論」と呼ばれます。その頻度論を学習した中学生に次の質問をしてみましょう。

---

*2　AとBが排反であることは集合の記号で、$A \cap B = \phi$と表現できます。ϕは空集合ですが、特に事象を考えるときには**空事象**と呼ばれます。

(質問) 表裏の出方が同様に確からしいコインを1枚投げたとき、表の出る確率pはいくつでしょう？

答として$p=1/2$が返ってくるでしょう。理由として、次のような説明が得られるはずです。

> コインを1枚投げると、表と裏の2通りが考えられる。これら2通りは同様に確からしいので、求めたい確率pは$\frac{1}{2}$となる。

出方は「同様に確からしい」

教科書的には模範解答ですが、現実問題としては難があります。その理由を調べてみましょう。

①「コインの表裏の出方は同様に確からしい」をどう確認するか

頻度論の確率では根元事象が「同様に確からしい」ことを前提とします。しかし、問題はどうやってそれを確認するかです。例えば、この(質問)のコインで、表裏の出る確率が等しいことを確かめるために、そのコインを1万回投げる実験を（コンピュータ上で）実行してみましょう。下図に示すように、1万回投げても、表裏の出る回数は通常等しくはなりません。

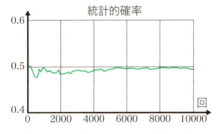

表裏の出る確率が等しい架空のコインを10000回投げる実験をし、投げた回数に占める表の出た回数の割合（相対度数）を（100回を単位にして）グラフに描いたもの。1/2に近づくが、一致はしないのが普通。

「コインの表裏の出方は同様に確からしい」ことの正しさを実験的に検証することなど不可能なのです[*3]。

②確率の定義に確率概念が用いられている

頻度論の確率の定義の中に「同様に確からしい」という言葉が入っています。確率とは「確からしさの率」なのですから、その定義に「同様に確からしい」という言葉が入るのは困ったものです。論理学でいうトートロ

[*3] 無限回実験を繰り返すことが可能であれば、表の出る確率は1/2になることが数学的に証明されます。

ジー（同語反復）に陥っていることになります。「忘却とは忘れ去ることなり」と同じ類の罠に入り込んでいるのです。

後述するように、ベイズ流の確率論は、これら①②の難点を迂回する大変優れた論理となります。ベイズ流の確率論はデータ、すなわち「結果」を出発点とします。「コインの表裏の出方は同様に確からしい」などという仮定を用いないで済むのです。

❖コルモゴロフの確率の公理

頻度論の確率の定義の難点を克服するために、確率の意味を厳密に定義する努力がなされました。その中で得られた有名な確率の公理が**コルモゴロフの確率の公理**です。これは頻度論の確率の定義(1)から得られる性質を一般化したものです。厳密に表現すると長くなるので、本書で大切になる要点だけを抽出しましょう。

公理　コルモゴロフの確率の公理

（Ⅰ）任意の事象 A に対して、$0 \leq P(A) \leq 1$
（Ⅱ）全事象 U の確率は $P(U) = 1$
（Ⅲ）2つの事象 A、B が排反のとき、$P(A \cup B) = P(A) + P(B)$

（Ⅰ）は確率が負にならず1以下であることを、（Ⅱ）は何かが起こる確率は1であることを、そして（Ⅲ）は加法定理を、示しています。これらの公理は日常の確率概念として当然と思われるものを整理したものになっています。

後にわかるように、ベイズの確率論は、この公理に「確率の乗法定理が成立する」という新たな条件を付け加えることから出発します。

問題にチャレンジ

表裏の出る確率が等しいコインを2回投げたとき、表裏が異なって出る確率 p を頻度論で求めよ。

解 1回目、2回目の表裏を順に並べて表現すると、出方は次の4通り。

表表、表裏、裏表、裏裏

これらはどれも同様に確からしく現れます。表裏が異なっているのは2通りなので、$p = \dfrac{2}{4} = \dfrac{1}{2}$ **答**

MEMO　規格化定数

コルモゴロフの確率の公理（Ⅱ）は「確率の総和は1」という要請です。ところで、「比」として意味を持つ互いに独立したn個の数a_1、a_2、…、a_nがあるとしましょう（すべて0以上とします）。それらを「比」ではなく、「確率」として解釈するにはどうすればよいでしょう。それには、次の操作をします。

$$\frac{1}{N}a_1、\frac{1}{N}a_2、\cdots、\frac{1}{N}a_n \quad (N = a_1 + a_2 + \cdots + a_n)$$

こうすれば、「確率の総和は1」という要件を満たすからです。この操作を **規格化** と呼び、和Nのことを **規格化定数** といいます。

例 ある小学校のクラスで住居調査をし、次の結果を得ました。

地区名	A地区	B地区	C地区	D地区	計
人数	7	17	13	3	40

クラスから1人を無作為に抽出したとき、その児童が各地区から選ばれる確率を求めるには、各人数を和40（人）で割ればよいでしょう。

地区名	A地区	B地区	C地区	D地区	計
確率	7/40	17/40	13/40	3/40	1

この **例** の数値40が「規格化定数」です。

非負の連続的な関数$g(x)$ $(a \leq x \leq b)$があり、各値が比としての意味を持つとき、これを確率的に解釈したいときには、次のようにします。

$$f(x) = \frac{1}{N}g(x) \quad \left(N = \int_a^b g(x)dx\right)$$

すると、関数$f(x)$を確率密度関数（→§1.4）と解釈できるようになります。このNが規格化定数です。

1.2 条件付き確率と乗法定理

前節では確率の基本を調べました。本節では更に話を進め、ベイズ統計学の出発点になる「条件付き確率」を調べましょう。

❖条件付き確率

ある事柄Aが起こったという条件のもとで事柄Bの起こる確率を、AのもとでBの起こる**条件付き確率**といいます。記号$P(B\mid A)$*⁴で表します。

例1 日本人の成人男女の割合は順に49%、51%です。また、喫煙率は男性が31%、女性が10%です。成人日本人から無作為に1人を抽出したとき、男性である事象をM、女性である事象をF、喫煙者である事象をSとします(数値は、2013年総務省統計局、2015年JT調査を利用)。

このとき、$P(M)$、$P(F)$、$P(S\mid M)$、$P(S\mid F)$は、次のような値になります。

$$P(M) = 0.49、P(F) = 0.51$$
$$P(S\mid M) = 0.31、P(S\mid F) = 0.10$$

❖条件付き確率と同時確率の関係

条件付き確率$P(B\mid A)$はその定義から次のように式で書くことができます。

$$P(B\mid A) = \frac{P(A\cap B)}{P(A)} \tag{1}$$

この式(1)は確率$P(A)$に占める同時確率$P(B\cap A)$の割合を表しています。換言すれば、条件付き確率$P(B\mid A)$とは事象Aを全事象とみなしたときの事象Bの起こる確率なのです。

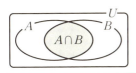

$P(B\mid A)$はAを全体と考えたときの事象Bの起こる確率のこと。

---

*4 高校の教科書は$P(B\mid A)$を$P_A(B)$と表現します。ちなみに、$P(A)\neq 0$と仮定します。

例2 例1で定義（1）を確認してみましょう*5。

$P(M \cap S) = 0.49 \times 0.31$ より、

$$P(S \mid M) = \frac{P(M \cap S)}{P(M)} = \frac{0.49 \times 0.31}{0.49} = 0.31$$

❖乗法定理

式 (1) の両辺に $P(A)$ をかければ、次の**乗法定理**が導出されます。

> **定理　乗法定理**
> $$P(A \cap B) = P(A)P(B \mid A) \tag{2}$$

本書の出発点となる「ベイズの定理」はこの乗法定理から得られます。

例3 先の例1で、抽出した人が男性でかつ喫煙者の確率 $P(S \cap M)$ は、乗法定理から次のように得られます。

$$P(M \cap S) = P(M)P(S \mid M) = 0.49 \times 0.31 = 0.1519$$

例題1 100本の中に10本の「当たり」があるくじをa君、b君の順に引く。このとき、a君が当たりくじを引き、b君も「当たり」くじを引く確率を求めよ。

解 「a君が当たりくじを引く」事象を A、「b君が当たりくじを引く」事象を B とすると、

$$P(A) = \frac{10}{100}, \quad P(B \mid A) = \frac{9}{99}$$

よって、求める確率 $P(A \cap B)$ は乗法定理から次のように算出されます。

$$P(A \cap B) = P(A)P(B \mid A) = \frac{10}{100} \times \frac{9}{99} = \frac{1}{110} \quad \text{答}$$

---

*5 条件付き確率の記号 $P(B \mid A)$ の意味は当初覚えにくいものです。そこで、最初の中は「|」を多少斜めにして $P(B/A)$ と書くと良いでしょう。「/」は割り算の記号ですが、(1) 式の示す「A の中に占める B の割合」の意味がよく見えます。

❖全確率の定理

後に利用される**全確率の定理**を示します。

> **定理 全確率の定理**
>
> 全事象 U が排反の事象 A_1、A_2、$\cdots$、A_n（n は正の整数）から構成されているとき、任意の事象 B に対して次の式が成立する。
> $$P(B) = P(B \cap A_1) + P(B \cap A_2) + \cdots + P(B \cap A_n) \tag{3}$$
> $$ = P(A_1)P(B \mid A_1) + P(A_2)P(B \mid A_2) + \cdots + P(A_n)P(B \mid A_n) \tag{4}$$

証明 仮定から、B は $B \cap A_1$、$B \cap A_2$、$\cdots$、$B \cap A_n$ の和として表せます。各事象は排反なので、加法定理（→§1.1）から次の式が得られます。

$$P(B) = P(B \cap A_1) + P(B \cap A_2) + \cdots + P(B \cap A_n)$$

これが式（3）です。これに乗法定理（2）を適用すれば式（4）が得られます*6。 **(終)**

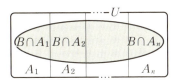

B は $B \cap A_1$、$B \cap A_2$、$\cdots$、$B \cap A_n$ の和。A_1、A_2、$\cdots$、A_n が排反であることに注意。

例4 先の例1で、喫煙者の確率 $P(S)$ は

$$P(S) = P(S \cap M) + P(S \cap F) = P(M)P(S \mid M) + P(F)P(S \mid F)$$
$$= 0.49 \times 0.31 + 0.51 \times 0.10 = 0.2029$$

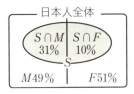

$P(S) = P(S \cap M) + P(S \cap F)$ の意味。楕円内の31%、10%は男及び女の中の確率 $P(S \mid M)$、$P(S \mid F)$ であり、$P(S \cap M)$、$P(S \cap F)$ ではないことに注意。

---

*6 式(3)(4) 両者共に「全確率の定理」と呼ばれます。

問題にチャレンジ

> 例題1 で、a君が当たりくじを引き、b君は「はずれ」くじを引く確率を求めよ。

解 「a君が当たりくじを引く」事象をA、「b君がはずれくじを引く」事象を$\overline{B}$とすると、

$$P(A) = \frac{10}{100}、P(\overline{B} \mid A) = \frac{90}{99}$$

乗法定理より、$P(A \cap \overline{B}) = P(A)P(\overline{B} \mid A) = \dfrac{10}{100} \times \dfrac{90}{99} = \dfrac{1}{11}$ **答**

1.3 試行の独立と反復試行の確率の定理

統計学で標本を抽出する際には**復元抽出**が原則です。例えば大きさ10の標本を抽出する際には、1個を無作為に取り出しては戻し、更に1個を無作為に取り出しては戻し、という操作を10回繰り返します。このとき本質的に重要な意味を持つのが**独立試行の定理**です。

❖ 独立試行の定理

2つの試行の間には何の関係もないとき、これら2つの試行は**独立**しているといいます。このとき、次の**独立試行の定理**が成立します。

> **定理　独立試行の定理**
>
> 独立な2つの試行で得られる事象を各々 A、B とする。このとき、事象 A、B が同時に起こる確率は、各々の事象が個別に起こる確率の積になる。

例1　どの目も同様に確からしく出る理想的なサイコロ1個を2回続けて投げる試行を考えてみます。1回目の試行で「1の目」が、2回目の試行でも「1の目」が出る確率は、次のように求められます。

$$\frac{1}{6} \times \frac{1}{6} = \frac{1}{36}$$

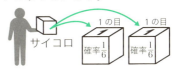

例2　各目や表裏が同様に確からしく出るサイコロとコインを1個ずつ投げる試行を考えてみましょう。サイコロを投げる試行では「1の目」が、コインを投げる試行では「表」が出る確率は次のように求められます。

$$\frac{1}{6} \times \frac{1}{2} = \frac{1}{12}$$

❖反復試行の確率の定理

独立試行の定理の応用として、次の**反復試行の確率の定理**[*7]が大切です。

> **定理　反復試行の確率の定理**
>
> 試行 T で事象 A の起こる確率を θ とする。この試行 T を n 回繰り返したときに事象 A の現れる回数が r のとき、その事象が起こる確率 P は次のように求められる。
>
> $$P = {}_nC_r \theta^r (1-\theta)^{n-r} \qquad (1)$$
>
> ここで、${}_nC_r$ は**二項係数**と呼ばれ、次のように表現される。
>
> $$_nC_r = \frac{n!}{r!(n-r)!} \qquad (2)$$

例3　どの目も同様に確からしく出る理想的なサイコロを5回投げ、2回だけ1の目が出たとします。1の目の出る確率 θ は $1/6$ なので、これが起こる確率は公式（1）から

$${}_5C_2 \left(\frac{1}{6}\right)^2 \left(1-\frac{1}{6}\right)^{5-2} = \frac{5!}{2!(5-2)!}\left(\frac{1}{6}\right)^2 \left(1-\frac{1}{6}\right)^{5-2} = \frac{625}{3888} \fallingdotseq 0.16$$

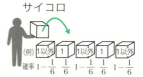

問題にチャレンジ

> 表裏の出る確率の等しいコインを10回投げるとき、表が7回だけ出る確率 P を求めよ。

解　上の公式（1）の θ に $1/2$ を当てはめて、

$$P = {}_{10}C_7 \left(\frac{1}{2}\right)^7 \left(1-\frac{1}{2}\right)^{10-7}$$
$$= \frac{10!}{7!(10-7)!} \times \left(\frac{1}{2}\right)^{10} = \frac{15}{128} \quad \textbf{答}$$

[*7] 同じ試行を独立に繰り返すことを**反復試行**といいます。

1.4 確率変数と確率分布

統計分析するには、統計モデルを作らなくてはなりません。その際に必要になる知識が確率変数と確率分布です。それらの意味について調べましょう。

❖ 確率変数

確率的に値の決まる変数を **確率変数** と呼びます。例えば、1つのサイコロを投げると、目の値 X は1から6までのいずれかの整数になります。しかし、投げ終わらないと値は決まりません。このサイコロの目を表す変数 X が確率変数です。

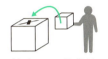

サイコロの目 X は投げてみた後に値がわかる

> **例1** コインを1枚投げて、表が出たなら1、裏が出たなら0をとる変数 X は確率変数になります。

❖ 確率分布

確率変数の値に対応して、それが起こる確率が与えられるとき、その対応を **確率分布** といいます。対応が表に示されていれば、その表を **確率分布表** と呼びます。右の表は確率変数 X についての確率分布表の例です。

確率変数 X	確率
x_1	p_1
x_2	p_2
…	…
x_n	p_n
計	1

> **例2** どの目も同様に確からしく出るサイコロ1個を1回投げたとき、出る目 X の確率分布表は下表になります。

目 (X)	1	2	3	4	5	6
確率	$\frac{1}{6}$	$\frac{1}{6}$	$\frac{1}{6}$	$\frac{1}{6}$	$\frac{1}{6}$	$\frac{1}{6}$

❖ 期待値、分散

確率変数については、その **期待値**[*8] と **分散**、**標準偏差** というものが考えられます。確率変数が離散型の場合は次のように与えられます。

[*8] 期待値を平均または平均値という文献もあります。本書では確率変数のときは期待値と呼び、資料やデータから得られる平均値と区別します。

> **定義** 期待値、分散、標準偏差
>
> 確率変数 X の確率分布が前のページの表で与えられているとき、
>
> 期待値　　：$\mu = x_1 p_1 + x_2 p_2 + \cdots + x_n p_n$　　　　　　　　　　(1)
>
> 分散　　　：$\sigma^2 = (x_1-\mu)^2 p_1 + (x_2-\mu)^2 p_2 + \cdots + (x_n-\mu)^2 p_n$　(2)
>
> 標準偏差：$\sigma = \sqrt{\sigma^2}$

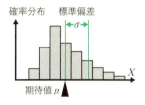

確率分布をグラフにしたとき、期待値はグラフの重心の位置を、標準偏差はグラフの中腹の幅を与える。なお、μ は「ミュー」、σ は「シグマ」と読まれるギリシャ文字で、ローマ字の m、s に対応する。

例3　例2 の場合について、且 X の期待値 μ、分散 σ^2、標準偏差 σ を (1)(2) から求めてみましょう。確率分布表は 例2 の表で与えられているので、

期待値　　$\mu = 1 \times \dfrac{1}{6} + 2 \times \dfrac{1}{6} + \cdots + 6 \times \dfrac{1}{6} = \dfrac{7}{2}$　$(=3.5)$

分散　　　$\sigma^2 = (1-3.5)^2 \times \dfrac{1}{6} + (2-3.5)^2 \times \dfrac{1}{6} + \cdots + (6-3.5)^2 \times \dfrac{1}{6}$

　　　　　　$= \dfrac{35}{12}$　$(\fallingdotseq 2.9)$

標準偏差　$\sigma = \sqrt{\dfrac{35}{12}} \fallingdotseq 1.7$

❖連続的な確率変数と確率密度関数

　身長や気温、経済指標などは連続的な値をとる確率変数と捉えられることがあります。このような確率変数の確率分布を表現するには**確率密度関数**が用いられます。この関数を $f(x)$ $(\geqq 0)$ と置くと、確率変数 X が $a \leqq X \leqq b$ の値をとる確率 $P(a \leqq X \leqq b)$ は次の式で与えられます。

$$P(a \leqq X \leqq b) = \int_a^b f(x) dx \tag{3}$$

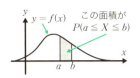

確率密度関数 $f(x)$ の意味。網を掛けた部分の面積が $P(a \leq X \leq b)$ となる。$f(x)$ は0以上であることに注意。

例4 確率変数 X の確率分布が次の確率密度関数で与えられているとします。

$$f(x) = 1 \quad (0 \leq x \leq 1)$$

このとき、$0.5 \leq X \leq 0.7$ の間に確率変数 X が値をとる確率は、その区間の面積0.2となります。また、(3) を用いれば、次のようにも求められます。

$$P(0.5 \leq X \leq 0.7) = \int_{0.5}^{0.7} 1 dx = [x]_{0.5}^{0.7} = 0.2$$

❖連続的な確率変数のときの期待値と分散

連続的な確率変数の場合、期待値や分散は確率密度関数 $f(x)$ を利用して、次のように積分で表現されることになります。

定義 期待値、分散、標準偏差

期待値　　：$\mu = \displaystyle\int_x xf(x)dx$ 　　　　　　　　　　(4)

分散　　　：$\sigma^2 = \displaystyle\int_x (x-\mu)^2 f(x)dx$ 　　　　　　(5)

標準偏差：$\sigma = \sqrt{\sigma^2}$

この公式で、積分範囲は確率密度関数が定義されているすべての範囲です。

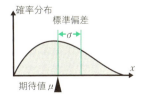

離散型の確率変数の場合同様、確率分布をグラフにしたとき、期待値はグラフの重心の位置を、標準偏差はグラフの中腹の幅を与える。

例5 例4の場合について、(4)(5) から X の期待値 μ、分散 σ^2、標準偏差 σ を求めてみましょう。

$$\mu = \int_0^1 x \cdot 1 \, dx = \left[\frac{1}{2}x^2\right]_0^1 = 0.5, \quad \sigma^2 = \int_0^1 (x-0.5)^2 \cdot 1 \, dx = \frac{1}{12}, \quad \sigma = \sqrt{\frac{1}{12}}$$

❖分散の計算公式

分散 (2) の定義式を展開してみましょう。

$$\sigma^2 = (x_1^2 p_1 + \cdots + x_n^2 p_n) - 2\mu(x_1 p_1 + \cdots + x_n p_n) + \mu^2(p_1 + \cdots + p_n)$$

全確率が1になることと (1) から、

$$\sigma^2 = (x_1^2 p_1 + \cdots + x_n^2 p_n) - \mu^2$$

そこで次の公式が成立します。

> **公式　分散の計算公式**
>
> $$\sigma^2 = (X^2 の期待値) - (X の期待値)^2 \qquad (6)$$

この関係は連続型の確率変数でも成立します。

例6 例3のサイコロの目 X の場合について、分散 σ^2 をこの公式 (6) から求めてみましょう。X の期待値は $7/2$ と求められているので、

$$\sigma^2 = 1^2 \times \frac{1}{6} + 2^2 \times \frac{1}{6} + \cdots + 6^2 \times \frac{1}{6} - \left(\frac{7}{2}\right)^2 = \frac{1^2 + 2^2 + \cdots + 6^6}{6} - \frac{49}{4}$$

$$= \frac{35}{12}$$

定義式から得た例3の結果と一致しています。

例7 例5の場合について、X の分散 σ^2 をこの公式 (6) から求めてみましょう。X の期待値は $1/2$ と求められているので、

$$\mu = \int_0^1 x^2 \cdot 1 \, dx - \left(\frac{1}{2}\right)^2 = \left[\frac{1}{3}x^3\right]_0^1 - \frac{1}{4} = \frac{1}{3} - \frac{1}{4} = \frac{1}{12}$$

定義式から得た例5の結果と一致しています。

問題にチャレンジ

(問1) 表の出る確率が θ であるコインが1枚ある。これを1回投げ、表が出たなら1、裏が出たなら0をとる確率変数 X を考えるとき、この期待値 μ と分散 σ^2 を求めよ。

解 式 (1) (2) から、

期待値　$\mu = 0 \times (1-\theta) + 1 \times \theta = \theta$

分散　$\sigma^2 = (0-\theta)^2 \times (1-\theta) + (1-\theta)^2 \times \theta$
$= \theta(1-\theta)$ **答**

X	確率
0	$1-\theta$
1	θ

問題にチャレンジ

(問2) (問1) で、分散 σ^2 を公式 (6) から求めよ。

解 式 (6) で、(問1) から X の期待値は θ と求められているので、

$$\sigma^2 = 0^2 \times (1-\theta) + 1^2 \times \theta - \theta^2 = \theta - \theta^2 = \theta(1-\theta)$$

これは上記の分散の値と一致 **答**

問題にチャレンジ

(問3) 確率変数 X の確率分布 $f(x)$ が次の確率密度関数で与えられているとき、その期待値 μ と分散 σ^2 を求めよ。

$$f(x) = 2x \quad (0 \leq x \leq 1)^{*9}$$

解 式 (4) (5) から、

$$\mu = \int_0^1 x \cdot 2x \, dx = \left[\frac{2}{3}x^3\right]_0^1 = \frac{2}{3}$$

$$\sigma^2 = \int_0^1 \left(x - \frac{2}{3}\right)^2 \cdot 2x \, dx = 2\int_0^1 \left(x^3 - \frac{4}{3}x^2 + \frac{4}{9}x\right) dx = \frac{1}{18}$$

---

*9　$f(x)$ はベータ分布なので、その分布の公式 (→§6.2) を利用しても求められます。また、σ^2 は公式 (6) を利用しても得られます。

1.5 尤度関数と最尤推定法

データを分析する際に確率・統計モデルを作ります。そのモデルを規定するパラメータを「母数」といいます。統計学の大きな目標の一つは、その母数を決定することです。その代表的決定法が最尤推定法です。

❖母数と尤度関数

1枚のコインを投げて表裏の出方を調べるとき、そのコインは表の出る確率θで規定されるモデルが仮定されます。また、飲料工場から出荷されるペットボトルの内容量を考えるとき、その内容量は正規分布に従うと仮定されますが、その分布モデルは期待値μ、分散σ^2で規定されます。このように、データ分析にはモデルが仮定され、そのモデルはパラメータで規定されます。コインの例では「表の出る確率θ」、ペットボトルの例では正規分布を定める「期待値μ」「分散σ^2」が、そのパラメータです。本書では統計モデルを定めるこのパラメータを母数と呼びます。

コイン
母数：
表の出る確率 θ

内容量
$\dfrac{1}{\sqrt{2\pi}\,\sigma}e^{-\frac{(x-\mu)^2}{2\sigma^2}}$

母数：
正規分布の
期待値 μ と分散 σ^2

統計モデルは母数で規定される。

モデルを仮定すると、そのモデルから得られるデータの生起確率が母数の式で表現できます。その母数の式を尤度関数[*10]といいます。

例1 1枚のコインを5回投げたところ、表、表、裏、表、裏と出たとします。このとき、「表の出る確率」θを母数とするとき、尤度関数$L(\theta)$は次のように表せます。

$$L(\theta) = \theta \times \theta \times (1-\theta) \times \theta \times (1-\theta) = \theta^3(1-\theta)^2 \tag{1}$$

[*10] 尤度関数は英語でlikelihood functionといいます。

❖最尤推定法

データが与えられたとき、それからモデルの母数の値を決定する有名な方法の一つに最尤推定法があります。データが生起される確率（すなわち尤度関数）が最大になるときが、その母数の最適値になると考える決定方法です。こうして得られた値を最尤推定値と呼びます。先の 例1 で、具体的にその方法を見てみましょう。

例題1 例1 について、最尤推定法で母数 θ の値を推定せよ。

解 例1 の尤度関数 $L(\theta)$ のグラフは下図のようになります。

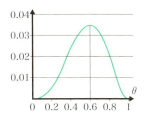

例1 の尤度関数（1）のグラフ。$\theta = 0.6$ のときに最大になる。この 0.6 を母数 θ の最尤推定値という。なお、この求め方については本節末の MEMO 参照。

グラフから、$\theta = 0.6$ のときに尤度関数 $L(\theta)$ が最大になっています。したがって、母数 θ の値は 0.6 と推定されます[*11]。　**答**

❖対数尤度

統計分析で利用される関数の多くは、対数を用いると計算がしやすくなります。例えば、式（1）の尤度 $L(\theta)$ の自然対数を調べてみましょう。

$$\ln L(\theta) = \ln \theta^3 (1-\theta)^2 = 3\ln\theta + 2\ln(1-\theta) \tag{2}$$

積の形が和に変換され、大変見やすくなっています。

尤度関数について対数をとった関数を対数尤度といいます。有り難いことに、対数尤度から得られる最尤推定値と、元の尤度関数から得られる最尤推定値は一致します。この性質があるために、多くの場合、最尤推定値は対数尤度から算出されます。

[*11] この答を示すのに次の表現がよく用いられます：$\arg\max_{\theta} L(\theta) = 0.6$

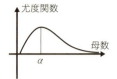
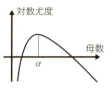

尤度関数の最尤推定値と、対数尤度の最尤推定値とは一致

問題にチャレンジ

> 飲料工場から出荷されるペットボトルの内容量を調べるために、製品から3本を無作為に抽出したところ、501、502、500(ml)であった。この内容量は正規分布に従うと仮定したとき、内容量の母平均μの値を最尤推定法で決定せよ。

解 X が期待値 μ、分散 σ^2 の正規分布（→6章§4）に従うとき、確率密度関数 $f(x)$ は次のように表現できます。

$$f(x) = \frac{1}{\sqrt{2\pi}\,\sigma} e^{-\frac{(x-\mu)^2}{2\sigma^2}}$$

よって、501、502、500(ml) の確率（密度）の理論値 $L(\mu)$（尤度関数）は次のように与えられます。

$$L(\mu) = \frac{1}{\sqrt{2\pi}\,\sigma} e^{-\frac{(501-\mu)^2}{2\sigma^2}} \frac{1}{\sqrt{2\pi}\,\sigma} e^{-\frac{(502-\mu)^2}{2\sigma^2}} \frac{1}{\sqrt{2\pi}\,\sigma} e^{-\frac{(500-\mu)^2}{2\sigma^2}}$$

$$= \left(\frac{1}{\sqrt{2\pi}\,\sigma}\right)^3 e^{-\frac{(501-\mu)^2 + (502-\mu)^2 + (500-\mu)^2}{2\sigma^2}} = \left(\frac{1}{\sqrt{2\pi}\,\sigma}\right)^3 e^{-\frac{3(\mu-501)^2 + 2}{2\sigma^2}}$$

よって、これを最大にする値 501ml が母平均 μ の値と推定されます（右図）　**答**

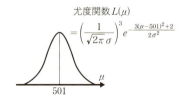

> **MEMO　Excelとソルバー**
>
> 本節 例題1 の答は、微分法から次の式を得て、簡単に求められます。
>
> $$L'(\theta) = -5\theta^2(1-\theta)(\theta - 3/5) \quad (0 \leq \theta \leq 1)$$
>
> しかし、統計学の多くの問題は、簡単には微分できません。そのとき便利なのがコンピュータによる解法です。以下では、Excelを利用した最尤推定値の求め方を調べましょう。
>
> Excelには「ソルバー」と呼ばれる分析ツールが用意されています。次の図は尤度関数 (1) について、ソルバーで最大値を求めた結果です。例題1 に示した $\theta = 0.6$ のときに尤度関数が最大値になっていることを確かめましょう。
>
>
>
> ソルバーで 例題1 の最尤推定値を求める。
>
> 下図は、この結果を得るためのソルバーの設定例です。なお、ソルバーはExcelの「データ」メニューから利用できます。
>
>
>
> 上記の計算値を得るためのソルバーの設定例

1.6 同時分布と周辺確率、周辺分布

確率の記号 $P(A)$ の A として、これまでは事象を考えてきました。これからは、この A の位置に確率変数を置くことを許すことにします。この記法はベイズの理論で頻繁に利用されます。

❖ 確率変数を用いた確率記号

確率変数 X が値 a をとるときの事象の確率を記号 $P(X=a)$ と表します。誤解が生じないときには略して $P(a)$ とも略記されます。

例1 確率変数 X の確率分布が次の確率分布表で与えられるとき、

$$P(X=x_1)=P(x_1)=p_1、P(X=x_2)=P(x_2)=p_2、\cdots、$$
$$P(X=x_n)=P(x_n)=p_n$$

X	x_1	x_2	$\cdots$	x_n	計
確率 P	p_1	p_2	$\cdots$	p_n	1

❖ 同時分布

2つの確率変数 X、Y を考えます。確率変数 X が値 a をとり、Y が値 b をとるときの同時確率を記号 $P(X=a, Y=b)$ と表します。誤解が生じないときには略して $P(a, b)$ とも書かれます。

2つの確率変数 X、Y の分布は下記の表のように与えられます。これを**同時分布**の表と呼びます。

$X \backslash Y$	y_1	y_2	$\cdots$	y_m
x_1	p_{11}	p_{12}	$\cdots$	p_{1m}
x_2	p_{21}	p_{22}	$\cdots$	p_{2m}
$\cdots$	$\cdots$	$\cdots$	$\cdots$	$\cdots$
x_n	p_{n1}	p_{n2}	$\cdots$	p_{nm}

確率変数 X、Y の同時分布の表

例2 この表で、$P(X=x_1, Y=y_2)$ $(=P(x_1, y_2))$ の値は p_{12}。

なお、同時分布は3つ以上の変数でも同様に考えることができます。

❖周辺確率と周辺分布

確率変数 X、Y の同時分布が先の表で与えられているとき、行と列について確率を加え合わせた値をその表の脇（周辺）に書き加えてみましょう。

X \ Y	y_1	y_2	⋯	y_m	計
x_1	p_{11}	p_{12}	⋯	p_{1m}	p_1
x_2	p_{21}	p_{22}	⋯	p_{2m}	p_2
⋯	⋯	⋯	⋯	⋯	⋯
x_n	p_{n1}	p_{n2}	⋯	p_{nm}	p_n
計	q_1	q_2	⋯	q_m	1

周辺確率。表にすると周辺部の計の欄に記述されるので、その名が付けられている。

この表で、横に加えた確率和 p_i を $X = x_i$ の周辺確率といいます（$i = 1, 2, \cdots, n$）。同様に、表を縦に加えた確率和 q_j を $Y = y_j$ の周辺確率といいます（$j = 1, 2, \cdots, m$）。

X、Y の周辺確率から得られる確率分布を X、Y の周辺分布といいます。上の表から、次のように示されます。

X	x_1	x_2	⋯	x_n	計
P	p_1	p_2	⋯	p_n	1

上記の表から得られる X の周辺分布

Y	y_1	y_2	⋯	y_m	計
P	q_1	q_2	⋯	q_m	1

上記の表から得られる Y の周辺分布

例題1 表裏の出る確率が等しいコイン1枚を続けて2回投げる。表のときには1、裏のときには0とする確率変数 X、Y を考え、1回目を X、2回目を Y とするとき、X、Y の同時分布の表を作り、それに周辺確率を書き加えよ。

解 右表が題意の同時分布と周辺確率となります。 **答**

X \ Y	0	1	計
0	1/4	1/4	1/2
1	1/4	1/4	1/2
計	1/2	1/2	1

確率変数 X、Y が連続量のときには、同時分布の表は2変数の確率密度関数 $f(x, y)$ になります。また、周辺確率を求める際の和は一方の変数について積分した値に置き換えられます。すなわち、

> **公式**　周辺確率の公式
>
> $X = x$ の周辺確率 $f(x) = \int_y f(x, y) dy$、
>
> $Y = y$ の周辺確率 $g(y) = \int_x f(x, y) dx$ 　（積分範囲は定義域全体）

例3　独立な確率変数 X、Y の確率分布が次の確率密度関数 $f(x)$、$g(y)$ で表されるとします：$f(x) = \dfrac{1}{\sqrt{2\pi} \cdot 5} e^{-\frac{(x-168)^2}{2 \cdot 5^2}}$、$g(y) = \dfrac{1}{\sqrt{2\pi} \cdot 4} e^{-\frac{(y-157)^2}{2 \cdot 4^2}}$

このとき、確率変数 X、Y の同時分布 $f(x, y)$ は

$$f(x, y) = \dfrac{1}{\sqrt{2\pi} \cdot 5} e^{-\frac{(x-168)^2}{2 \cdot 5^2}} \times \dfrac{1}{\sqrt{2\pi} \cdot 4} e^{-\frac{(y-157)^2}{2 \cdot 4^2}}$$

また、$X = x$、$Y = y$ の周辺確率を順に $f(x)$、$g(y)$ とすると、

$$f(x) = \int_{-\infty}^{\infty} \dfrac{1}{\sqrt{2\pi} \cdot 5} e^{-\frac{(x-168)^2}{2 \cdot 5^2}} \times \dfrac{1}{\sqrt{2\pi} \cdot 4} e^{-\frac{(y-157)^2}{2 \cdot 4^2}} dy = \dfrac{1}{\sqrt{2\pi} \cdot 5} e^{-\frac{(x-168)^2}{2 \cdot 5^2}}$$

$$g(y) = \int_{-\infty}^{\infty} \dfrac{1}{\sqrt{2\pi} \cdot 5} e^{-\frac{(x-168)^2}{2 \cdot 5^2}} \times \dfrac{1}{\sqrt{2\pi} \cdot 4} e^{-\frac{(y-157)^2}{2 \cdot 4^2}} dx = \dfrac{1}{\sqrt{2\pi} \cdot 4} e^{-\frac{(y-157)^2}{2 \cdot 4^2}}$$

問題にチャレンジ

> 表裏の出方が同様に確からしいコイン1枚と、どの目の出方も同様に確からしいサイコロ1個を同時に投げる。コインが表のときには1、裏のときには0となる確率変数を X、サイコロの目の数を Y とするとき、X、Y の同時分布の表を作り、それに周辺確率を書き加えよ。

下表が題意の同時分布と周辺確率となります。　**答**

X \ Y	1	2	3	4	5	6	計
0	1/12	1/12	1/12	1/12	1/12	1/12	1/2
1	1/12	1/12	1/12	1/12	1/12	1/12	1/2
計	1/6	1/6	1/6	1/6	1/6	1/6	1

ベイズの定理とその応用

　1章では確率の一般論について復習しました。本章から、いよいよベイズの理論に入ります。この章では、ベイズの理論の出発点となる「ベイズの定理」を調べます。簡単な応用例も調べることにします。

2.1 ベイズの定理

本節で調べる「ベイズの定理」はベイズの理論の出発点となる定理です。この定理は乗法公式から実に簡単に得られることを確認します。

❖ベイズの定理

次の公式 (1) が**ベイズの定理**です。

> **定理** **ベイズの定理(I)**
>
> $$P(A\mid B) = \frac{P(B\mid A)P(A)}{P(B)} \qquad (1)$$

この定理は1章で調べた乗法定理（1章§1.2）から簡単に証明されます。

証明 乗法定理から、2つの事象 A、B について次の式が成立します。

$$P(A\cap B) = P(A)P(B\mid A)、P(B\cap A) = P(B)P(A\mid B) \qquad (2)$$

$P(A\cap B) = P(A)P(B\mid A)$

$P(B\cap A) = P(B)P(A\mid B)$

乗法定理は事象 A、B について成立するが、どちらを特別視する必然性はない。

定義から明らかに $P(A\cap B) = P(B\cap A)$ が成立します。よって (2) から、

$$P(B)P(A\mid B) = P(A)P(B\mid A)$$

$P(B) \neq 0$ を仮定し、$P(A\mid B)$ について解けば定理(1)が得られます。　**答**

❖ベイズの論理の出発点

ベイズの定理 (1) は以上のように乗法定理から簡単に得られます。ところで、一般的な確率論は**コルモゴロフの確率の公理**（→1章§1.1）から出発します。この公理は確率の常識から見て「当然」と思われることを公理化したものです。ベイズの理論はこの「コルモゴロフの確率の公理」に、ベイズの定理の論拠となる「乗法定理」(2) を加えた確率論の体系なのです。

ベイズの理論は「同様に確からしい」という頻度論の仮定は利用しない。

❖ベイズの定理の解釈

ベイズの定理 (1) は単に乗法定理を書き換えただけの公式です。この定理を統計学で活かすには、事象 A、B に新たな解釈を付加する必要があります。

ベイズの理論では、この定理 (1) の A を「ある仮定 (Hypothesis) が成立する」ときの事象、B を「結果 (すなわちデータ (Data)) が得られる」ときの事象と解釈します。そこで、この解釈に見合うように、ベイズの定理 (1) を次のように書き換えておきましょう。

> **定理 ベイズの定理(Ⅱ)**
>
> データ D とその仮定 H について次の式が成立する。
>
> $$P(H\mid D) = \frac{P(D\mid H)P(H)}{P(D)} \qquad (3)$$

本書で「ベイズの定理」というときは、この (3) 式を指すことにします。式 (1) の A、B を H、D と置き換えただけの式ですが、「名は体を表す」の格言通り、解釈がしやすくなり実用性が増します。

❖原因の確率

定理 (3) の H は「ある仮定が成立する」ときの事象を表します。ところで、仮定といっても様々に解釈できます。ベイズの理論ではその仮定をデータの「原因」と解釈するのが普通です。そこで本書で H を「原因」と呼ぶことにします。すると、定理 (3) の左辺 $P(H\mid D)$ は「データ D が得られたときの原因が H である」と解釈できます。すなわち $P(H\mid D)$ はデータ D の<u>原因の確率</u>と考えられるのです。

常識的には、原因から結果（すなわちデータ）が生まれます。「ベイズの定理」(3)の素晴らしいところは、その常識的な「原因から結果」を生む確率$P(D|H)$を、結果から原因を探る「原因の確率」$P(H|D)$に結び付けていることです。「ベイズの定理」(3)を用いることで、資料として得られたデータ（結果）から、そのデータを生む原因の確率が求められることになるのです。

ベイズの定理

$$\begin{array}{c} H \quad P(D|H) \quad D \\ \text{仮定（原因）} \longrightarrow \text{結果（データ）} \end{array} \Longrightarrow \begin{array}{c} D \quad P(H|D) \quad H \\ \text{結果（データ）} \longrightarrow \text{仮定（原因）} \end{array}$$

ベイズの定理はデータの得られる確率とその原因の確率とを結びつける。

❖ 尤度、事前確率、事後確率

ベイズの理論では、ベイズの定理 (3) の各項を特別な名で呼ぶことがあります。

右辺の分子にある$P(D|H)$を原因Hの**尤度**と呼びます。原因Hのもとで現象の起こる「尤もらしい」確率を表すからです。これは統計モデルを確定することで得られます。

その右隣にある$P(H)$を**事前確率**と呼びます。データDの得られる前の確率ということでその名が付けられています。

右辺分母の$P(D)$は**周辺尤度**と呼ばれます。その記号が示すように、データDの得られる確率を表します。後述（→次節§2.2節末 MEMO）するように、データDのすべての原因Hについて、尤度$P(D|H)$の和をとって得られる周辺確率の形をしているので、その名が付けられました。

公式の左辺にある$P(H|D)$を**事後確率**と呼びます。データDを考慮して得られた分析後の確率だからです。

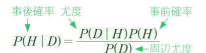

事後確率は先に述べたように「原因の確率」とも呼ばれる。利用される場によって、呼び名が異なる。

❖例を見てみよう

抽象的な話が続いたので、具体的な問題を調べてみましょう。

例題 A大学のサークルCには、男子が10人、女子が7人所属している。男子の5人、女子の3人が東京の出身である。このサークルから1人を無作為に抽出したところ、東京出身であった。その人が女性である確率を求めよ。

解 見やすくするために、題意を図示してみましょう。

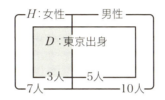

ベイズの定理 (3) を使うために、次のように記号を約束します。

H：女性である、D：東京出身である

すると、題意から

$$P(H) = \frac{7}{7+10} = \frac{7}{17}、P(D \mid H) = \frac{3}{7}、P(D) = \frac{3+5}{7+10} = \frac{8}{17}$$

$P(H)$は「女性である」確率、$P(D \mid H)$は「女性の中から東京出身が抽出される」確率、そして$P(D)$は「東京出身である」確率です。

ベイズの定理 (3) に代入して、次のように答が得られます。

$$P(H \mid D) = \frac{P(D \mid H)P(H)}{P(D)} = \frac{\frac{3}{7} \times \frac{7}{17}}{\frac{8}{17}} = \frac{3}{8} \quad \textbf{答}$$

この結論は、「ベイズの定理」を用いるまでもなく、割合論的に上の図から簡単に得られます。図から東京出身は8人、そのうち女性は3人なので、確率の定義から、

$$P(H \mid D) = 東京出身であるときに、その人が女性の確率 = \frac{3}{8}$$

この別解と先の解とを比較すると、ベイズの定理とはどんなものか納得がいくと思います。

問題にチャレンジ

> X大学の2つのクラスA、Bの学生が英語の検定試験を受検した。結果として、Aの学生のうち40人、Bの学生のうち20人が、この検定に合格した。検定に合格した人から1人を無作為に抽出したとき、それがクラスAの学生である確率を求めよ。ただし、クラスAには50人在籍し、クラスBには40人在籍している。

解 ベイズの定理 (3) を使うために、次のように記号を約束します。

H：クラスAの学生である、D：合格者である

すると、題意から

$$P(H) = \frac{50}{50+40} = \frac{5}{9}、\quad P(D \mid H) = \frac{40}{50} = \frac{4}{5}、\quad P(D) = \frac{40+20}{50+40} = \frac{2}{3}$$

ベイズの定理 (4) に代入して、

$$P(H \mid D) = \frac{P(D \mid H)P(H)}{P(D)} = \frac{\frac{4}{5} \times \frac{5}{9}}{\frac{2}{3}} = \frac{2}{3} \quad \text{答}$$

図に示すと、この **答** の意味がよくわかります。合格者60人中、クラスAの学生が選ばれる確率 $P(H \mid D)$ は、下図から次の値になります。

$$P(H \mid D) = \frac{40}{40+20} = \frac{2}{3}$$

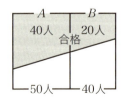

合格者の人数は60人。その中クラスAの合格者の人数は40人。これから簡単に答が得られる。

先の **例題** 同様、ベイズの定理の意味がよく分かる例でしょう。

2.2 ベイズの定理の変形とベイズの基本公式

§2.1で調べたベイズの定理は、単に乗法定理を書き換えただけの形をしています。本節では、更に応用しやすいようにアレンジします。

❖ベイズの定理をアレンジ

前節で調べたベイズの定理は、Dをデータ（Data）、Hをその原因として、次のように表現される定理です。

$$P(H \mid D) = \frac{P(D \mid H)P(H)}{P(D)} \quad (1)$$

ところで、確率現象で考えられる原因は複数あるはずです。仮にその原因が独立して3つあるとし、H_1、H_2、H_3と名付けることにします。

独立した3つの原因H_1、H_2、H_3からデータDが生まれるとする。

3つの原因は独立していると考えているので、データDの得られる確率は3つの原因から生まれた確率の和になり、次のように表せます（全確率の定理→1章§1.2）。

$$\begin{aligned} P(D) &= P(D \cap H_1) + P(D \cap H_2) + P(D \cap H_3) \\ &= P(D \mid H_1)P(H_1) + P(D \mid H_2)P(H_2) + P(D \mid H_3)P(H_3) \end{aligned} \quad (2)$$

$P(H_1) \sim P(H_3)$は、原因$H_1 \sim H_3$の成立確率です。

原因や仮定に重複がないとき、Dは$D \cap H_1$、$D \cap H_2$、$D \cap H_3$の3つの和で表現される。これは1章§1.2で調べた「全確率の定理」である。

ここで原因 H_1 に着目してみましょう。(1) と (2) から、

$$\left. \begin{array}{l} P(H_1 \mid D) = \dfrac{P(D \mid H_1) P(H_1)}{P(D)} \\ P(D) = P(D \mid H_1) P(H_1) + P(D \mid H_2) P(H_2) + P(D \mid H_3) P(H_3) \end{array} \right\} \quad (3)$$

これが3原因の場合の目標の式です。原因として H_1、H_2、H_3 を仮定し、その1番目の原因 H_1 に焦点を当てて得られたベイズの定理の変形です。

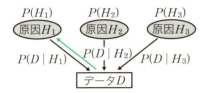

原因 H_1〜H_3 の成立確率が事前確率 $P(H_1)$〜$P(H_3)$。それら H_1〜H_3 によるデータ D の生起確率が尤度 $P(D \mid H_1)$〜$P(D \mid H_3)$。H_1 を指す上向きの矢印が事後確率 $P(H_1 \mid D)$。

これを一般化しましょう。本書では**ベイズの基本公式**と呼ぶことにします。

> **公式　ベイズの基本公式**
>
> データ D は原因 H_1、H_2、…、H_n のどれか一つから生まれると仮定する。そのデータ D が原因 H_i から生まれた確率（事後確率）$P(H_i \mid D)$ は次の式で表される。
>
> $$\left. \begin{array}{l} P(H_i \mid D) = \dfrac{P(D \mid H_i) P(H_i)}{P(D)} \quad (i = 1,\ 2,\ \cdots,\ n) \\ P(D) = P(D \mid H_1) P(H_1) + P(D \mid H_2) P(H_2) + \cdots + P(D \mid H_n) P(H_n) \end{array} \right\} \quad (4)$$
>
> ここで、事前確率 $P(H_i)$ は原因 H_i の成立確率を、尤度 $P(D \mid H_i)$ は原因 H_i からデータ D が生起される確率を表す。また、周辺尤度 $P(D)$ はデータ D が原因 H_1、H_2、…、H_n のどれかから得られる確率を表す。

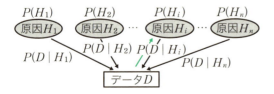

上の図を一般化した図。原因 H_i の成立確率が $P(H_i)$ であり、H_i からデータ D が生起する確率が尤度 $P(D \mid H_i)$。上向きの矢印が事後確率の $P(H_i \mid D)$。

❖ベイズの基本公式の意味

公式 (4) 第1式を条件付き確率の定義の形に先祖返りさせてみましょう (→§2.1)。

$$P(H_i \mid D) = \frac{P(D \cap H_i)}{P(D)} \quad (i = 1, 2, \cdots, n) \tag{5}$$

また、(2) の第1式を一般化した式を図示してみましょう。

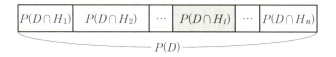

この図からわかるように、事後確率 $P(H_i \mid D)$ は「データ D の生起確率」の中に占める「その生起に原因 H_i が関与する確率」の割合です。これまでの話しから当然の話なのですが、このイメージを作っておくことはベイズの理論の実際の計算で大いに役立ちます。

例題 政治意識を調査したところ、U党支持者の60%、V党支持者の30%、W党支持者の10%、それ以外の人の40%、が現内閣を支持している。国民から1人無作為に選んだところ、その人は現内閣を支持していた。その人がU党の支持者である確率を求めよ。なお、U党、V党、W党、それ以外の支持者の人数の割合は3:2:1:4であることが知られている。

解 公式 (4) の H_1、H_2、H_3、H_4、D は次のように設定できます。
 H_1：U党支持者、H_2：V党支持者、H_3：W党支持者、H_4：それ以外
 D：現内閣を支持
題意から、

$P(D \mid H_1) = 0.6$、$P(D \mid H_2) = 0.3$、$P(D \mid H_3) = 0.1$、$P(D \mid H_4) = 0.4$、
$P(H_1) = 0.3$、$P(H_2) = 0.2$、$P(H_3) = 0.1$、$P(H_4) = 0.4$

公式 (4) に代入して、求めたい確率 $P(H_1 \mid D)$ は次のように得られます。

$$P(H_1 \mid D) = \frac{0.6 \times 0.3}{0.6 \times 0.3 + 0.3 \times 0.2 + 0.1 \times 0.1 + 0.4 \times 0.4} = \frac{18}{41} \quad \text{答}$$

以上の確率値の関係を図に示してみましょう。全体が見やすくなり、「ベイズの基本公式」の計算がしやすくなります。

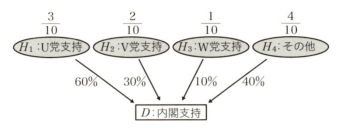

問題にチャレンジ

A君は晴の日には5日に1回、雨の日には5日に3回の割合で学校に遅刻する。A君が遅刻したとき、雨であった確率を求めよ。ただし、晴の日と雨の日の割合は3：1とする。（晴は雨の降っていない状態を指している。）

解 公式（4）の H_1、H_2、D は次のように設定できます。

H_1：晴である、H_2：雨である、

D：遅刻する

題意から、

$$P(D|H_1) = \frac{1}{5} = 0.2、 P(D|H_2) = \frac{3}{5} = 0.6$$

$$P(H_1) = \frac{3}{4} = 0.75、 P(H_2) = \frac{1}{4} = 0.25$$

公式（4）に代入して、$P(H_2|D) = \dfrac{0.6 \times 0.25}{0.2 \times 0.75 + 0.6 \times 0.25} = \dfrac{1}{2}$ **答**

この **答** のイメージを示しましょう。

```
            P(D)
     ┌ 0.2×0.75 + 0.6×0.25 ┐
   ┌──────────────┬──────────────┐
   │ P(D∩H_1)     │ P(D∩H_2)     │
   │ 0.2×0.75     │ 0.6×0.25     │
   └──────────────┴──────────────┘
```

答 のイメージ。遅刻する確率 $P(D)$ に占める「雨の日に遅刻する」確率 $P(D \cap H_2)$ の割合である。

> **MEMO** $P(D)$を周辺尤度と呼ぶ理由
>
> 先に「周辺確率」という言葉を調べました（→1章§1.6）。これは、複数の確率変数があるときに、特定の確率変数に着目したときの確率を表します。確率分布表に示すと、その表の周辺部に書かれるので「周辺確率」と呼ばれるのです。
>
> ところで、原因HとデータDの関係も同様に考えられます。原因HがH_1、H_2、…、H_nで表され、それから得られるデータDがD_1、D_2、…、D_mで表されるとすると、その確率表は次のようになります。
>
> | $X \diagdown Y$ | H_1 | H_2 | … | H_n | 計 |
> |---|---|---|---|---|---|
> | D_1 | $P(D_1\mid H_1)P(H_1)$ | $P(D_1\mid H_2)P(H_2)$ | … | $P(D_1\mid H_n)P(H_n)$ | $P(D_1)$ |
> | D_2 | $P(D_2\mid H_1)P(H_1)$ | $P(D_2\mid H_2)P(H_2)$ | … | $P(D_2\mid H_n)P(H_n)$ | $P(D_2)$ |
> | … | … | … | … | … | … |
> | D_m | $P(D_m\mid H_1)P(H_1)$ | $P(D_m\mid H_2)P(H_2)$ | … | $P(D_m\mid H_n)P(H_n)$ | $P(D_m)$ |
> | 計 | $P(H_1)$ | $P(H_2)$ | … | $P(H_n)$ | 1 |
>
> 最右端の合計欄が$P(D_1)$、$P(D_2)$、…、$P(D_m)$になるのは、公式 (4) を利用しています。そこで、「尤度に関する周辺確率」ということで、$P(D_1)$、$P(D_2)$、…、$P(D_m)$の各値を**周辺尤度**と名づけるわけです[*1]。$P(D)$の意味は「データDの得られる確率」ですが、「周辺確率」という新たな意味が加わったのです。
>
> ちなみに、後の4章§4.1の節末 MEMO では、$P(D)$が「規格化定数」の役割を演じることを調べます。$P(D)$は様々な見方ができ、その見方に従って解釈がなされるのです。

[*1] 縦方向の周辺確率は、表に示すように、$P(H_1)$、$P(H_2)$、…、$P(H_n)$になります。

2.3 事前確率の大切さ

§2では「ベイズの基本公式」を解説しました。本章の残りの節では、この公式の使い方を調べましょう。本節では多くの文献に掲載されている「病気の検査」の例を用いて、ベイズの理論に特有の「事前確率」の大切さを調べることにします。

❖有名な例を見てみよう

人は確率判断するときに目先の情報のみに目を奪われ、その背景にある前提情報をないがしろにする傾向があります。そのような罠から人間を救えるのがベイズの理論です。有名な例を利用して、この意味を調べましょう。次の 例1 を見てください。

例1 病気Cを調べる検査Tは、その病気にかかっている人を98%の確率で正しく判定する。この検査で「病気Cである」と判定された人が実際にその病気にかかっている確率はいくらか。

禅問答のような問ですが、正解は「98%」ではありません。「わからない」が正解です。

「わからない」が正解なのは、病気にかかっていない人に対する情報がないからです。病気にかかっている人に2%の確率で間違った判定を下すのなら、病気でない人にも多少は間違った判断を下すはずです。その情報が欠落しているのです。

検査Tは病気にかかっている人と同様、かかっていない人にも誤った結果を出すことがある。

この問題を解けるようにするには、次の 例題 のように、更に2つの情報が必要になります。

例題 病気Cを調べる検査Tについて、次のことが知られている。

- 病気Cにかかっている人に対して、検査Tは98%の確率で正しい判定を下す。
- 病気Cにかかっていない人に対して、検査Tは5%の確率で間違って「病気である」という判定を下す。
- その病気にかかっている人と病気にかかっていない人の割合は、それぞれ3%、97%である。

検診を受けた人が検査Tで「病気Cである」と判定されたとき、その人が実際にその病気である確率はいくらか。

解 ベイズの基本公式（§2.2式（4））において、原因を表現する H には、次の2つが対応します。

H	H_1	H_2
意味	検診を受けた人が病気である	検診を受けた人が病気でない

また、データ D は「検査Tで病気と判定された」ことが対応します。
それでは、「ベイズの基本公式」を書き下してみましょう。

$$\left.\begin{array}{l} P(H_i \mid D) = \dfrac{P(D \mid H_i)P(H_i)}{P(D)} \quad (i=1,\ 2) \\ P(D) = P(D \mid H_1)P(H_1) + P(D \mid H_2)P(H_2) \end{array}\right\} \quad (1)$$

題意から、次の表が得られます。

H	H_1	H_2
事前確率 $P(H)$	0.03（=3%）	0.97（=97%）
尤度 $P(D \mid H)$	0.98（=98%）	0.05（=5%）
$P(D)$	$0.98 \times 0.03 + 0.05 \times 0.97$	

こうして、検査で病気と判定された人が本当に「病気C」である確率 $P(H_1 \mid D)$ が、(1) から次のように求められます。

$$P(H_1 \mid D) = \frac{0.98 \times 0.03}{0.98 \times 0.03 + 0.05 \times 0.97} = \frac{294}{779} \quad (\fallingdotseq 38\%) \quad \textbf{答}$$

❖事前確率の大切さ

この **例題** が有名なのは、検査で病気と判定されても、本当の病気である確率は意外に小さいと感じられるからです。その意外性を演出したのが

事前確率です。原因Hの事前確率が小さければ、いくらデータを生起する確率（すなわち尤度）が大きくとも、実際にその原因Hがデータの原因になる確率は小さくなる場合があるのです。

事前確率のために、病気Cと判定されても、実際に病気Cである確率は思うほどには大きくない。

❖中学生的に解いてみよう

中学生にわかるように解いてみましょう。話を簡単にするために（母集団として）10000人を対象にします。すると題意の条件から次のような人数が得られます。

病気にかかっている数＝$10000 \times 0.03 = 300$人
病気にかかっていて、病気と判定される数＝$300 \times 0.98 = 294$人
病気にかかっていない数＝$10000 \times 0.97 = 9700$人
病気にかかっていないのに病気と判定される数＝$9700 \times 0.05 = 485$人
病気と判定される数＝$485 + 294 = 779$人

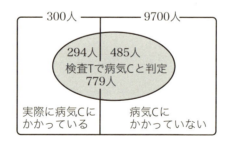

したがって、「病気Cと判定された」人の中で、その人が実際に病気Cにかかっている確率pは、次のように算出されます。

$$p = \frac{病気Cに実際にかかっている人数}{病気Cと判定された人数} = \frac{294人}{779人} \fallingdotseq 38\% \quad \textbf{答}$$

先の **答** と一致していることを確認してください。

問題にチャレンジ

(問1) 先の 例題 で、検診を受けた人が検査Tで「病気Cである」と判定されたとき、その人が実際にはその病気ではない確率を求めよ。

解 $1 - \dfrac{294}{779} = \dfrac{485}{779}$ （≒62%）　**答**

問題にチャレンジ

(問2) JTの調査では、男性の喫煙率は31.0%、女性の喫煙率は9.6%である（2015年）。ある街の路上でタバコの吸殻が1本落ちていた。この吸殻を男性が落とした確率を求めよ。なお、日本において、成人男性は5.0千万人、成人女性は5.4千万人であり（2013年）、未成年や外国人の喫煙は考えないものとする。また、喫煙者の喫煙頻度は一様とする。

解 ベイズの基本公式（§2.2式（4）P.48）において、原因を表現するHには、次の2つが対応します。

　　H_1：成人男性、H_2：成人女性

データDには「タバコの吸殻が1本落ちていた」ことが対応します。題意から、次の表が得られます。

H	H_1	H_2
事前確率 $P(H)$	5.0/(5.0+5.4) = 0.481	5.4/(5.0+5.4) = 0.519
尤度 $P(D\mid H)$	0.310（=31.0%）	0.096（=9.6%）

こうして、求めたい確率$P(H_1 \mid D)$がベイズの基本公式から求められます。

$$P(D) = P(D \mid H_1)P(H_1) + P(D \mid H_2)P(H_2)$$
$$= 0.310 \times 0.481 + 0.096 \times 0.519 = 0.199$$
$$P(H_1 \mid D) = \frac{P(D \mid H_1)P(H_1)}{P(D)} = \frac{0.310 \times 0.481}{0.199} ≒ 0.750 \ (=75\%) \quad \textbf{答}$$

2.4 理由不十分の原則とベイズ更新

　前節に続いて、有名な問題を通してベイズの基本公式の使い方を調べましょう。ここでは壺から玉を取り出す問題を考えます。この解法の中で、理由不十分の原則、及びベイズ更新の意味を確認します。この壺の問題はベイズの理論の多くの分野の基本モデルとして役立ちます。

❖有名な問題

　「理由不十分の原則」と「ベイズ更新」を理解するのに、次の問題が有名です。

> **例題** 外からは区別できない壺1、壺2がある。壺1には赤玉4つと白玉1つの計5個が、壺2には赤玉2つと白玉3つの計5個が格納されている。
>
> 　1か2のどちらかわからない壺が一つあり、試しに玉を無作為に1個取り出しては戻すという操作を3回行った。すると、順に赤、赤、白の玉が出た。以上の情報から、この壺が壺1である確率を求めよ。

　ベイズの理論では3回の取り出し情報をまとめて処理することも、1回ずつ処理することも可能です。ここでは将来の拡張性を考えて、1回ずつ処理する方法を採用します。

　「ベイズの基本公式」を利用するには、原因を仮定しなければなりません。題意から、次のように原因 H_1、H_2 を設定しましょう。

H 意味	H_1 壺1から玉が取り出される	H_2 壺2から玉が取り出される

　データ D には、赤白の2種の玉があります。これを次の表に示すように R、W で表しましょう。

データD	意味
R	取り出した玉が赤（Red）
W	取り出した玉が白（White）

以上の記号を用いると、尤度は題意から次の値となります。

$$P(R \mid H_1) = \frac{4}{5},\ P(W \mid H_1) = \frac{1}{5},\ P(R \mid H_2) = \frac{2}{5},\ P(W \mid H_2) = \frac{3}{5} \quad (1)$$

見やすくするために表で示しましょう。

D \ H	H_1	H_2
R	$\frac{4}{5}$	$\frac{2}{5}$
W	$\frac{1}{5}$	$\frac{3}{5}$

尤度の表

❖1回目の玉の取り出しと理由不十分の原則

1回目のデータである「取り出した玉が赤玉（R）」を用いて、「ベイズの基本公式」から事後確率$P_1(H_1 \mid R)$、$P_1(H_2 \mid R)$を求めましょう。

$$\left. \begin{array}{l} P_1(H_1 \mid R) = \dfrac{P(R \mid H_1)P_1(H_1)}{P_1(R)},\ P_1(H_2 \mid R) = \dfrac{P(R \mid H_2)P_1(H_2)}{P_1(R)} \\ P_1(R) = P(R \mid H_1)P_1(H_1) + P(R \mid H_2)P_1(H_2) \end{array} \right\} \quad (2)$$

ここで困ったことが起こります。 例題 の文中に、1回目の玉取り出しのための事前確率$P_1(H_1)$、$P_1(H_2)$の情報がないことです。$P_1(H_1)$、$P_1(H_2)$は壺1、壺2の最初の存在確率ですが、題意はそれに触れていません。

このような場合、従来の確率論では「解答不可能」とするしかないところですが、ベイズの理論の長所はそれなりに対処できるということです。すなわち、次のように考えるのです。

「情報がないのだからとりあえず壺1、壺2の存在確率は等しい」

このような考え方を<u>理由不十分の原則</u>といいます。わからないときには、とりあえず適当な確率を仮定するのです。そして、データを得るたびに、確率を現実に合うように更新していくという考え方を取るのです。

この考えに従い、1回目の事前確率を次の表のようにセットしましょう。

原因 H	H_1	H_2
事前確率	$\dfrac{1}{2}$	$\dfrac{1}{2}$

1回目のデータ処理のための事前確率。与えられた情報がないので等確率としている。

式で示すと次のようになります。

$$P_1(H_1) = P_1(H_2) = \frac{1}{2} \tag{3}$$

これで準備が整いました。尤度（1）と事前確率（3）をベイズの基本公式（2）に代入して、1回目の事後確率が算出されます。

$$P_1(R) = P(R \mid H_1)P_1(H_1) + P(R \mid H_2)P_1(H_2) = \frac{4}{5} \times \frac{1}{2} + \frac{2}{5} \times \frac{1}{2} = \frac{6}{10}$$

$$\left. \begin{aligned} P_1(H_1 \mid R) &= \frac{P(R \mid H_1)P_1(H_1)}{P_1(R)} = \frac{\frac{4}{5} \times \frac{1}{2}}{\frac{6}{10}} = \frac{2}{3} \\ P_1(H_2 \mid R) &= \frac{P(R \mid H_2)P_1(H_2)}{P_1(R)} = \frac{\frac{2}{5} \times \frac{1}{2}}{\frac{6}{10}} = \frac{1}{3} \end{aligned} \right\} \tag{4}$$

こうして、1回目のデータ処理が終了しました。

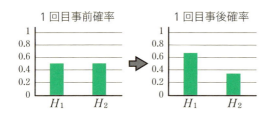

1回目の計算結果。取り出した玉が赤玉なので、赤玉の個数の多い壺1に確率が偏る。

「1個目の玉が赤」なので、赤玉をたくさん含む壺1である確率が、事前確率（3）に比べて高まりました。

❖2回目の玉の取り出しとベイズ更新

2回目の玉の取り出しに話を進めましょう。2回目に取り出した球が「赤玉」（R）であるというデータを、ベイズの基本公式に適用してみます。

計算の方法に変化はありません。しかし問題なのは再び事前確率です。2回目にはどんな確率をセットすればよいでしょうか？ そこで用いられるのが**ベイズ更新**の考え方です。1回目の事後確率（4）を、2回目のデータ分析の際の新たな事前確率として利用するのです。

```
                    データR                            データR
                      ↓                                 ↓
1回目の    →    ベイズの    →    1回目の  =  2回目の    →    ベイズの    →    2回目の
事前確率         基本公式         事後確率     事前確率         基本公式         事後確率
```

このベイズ更新の考え方はベイズの理論を応用する際に大いに活躍します。一つのデータの計算アルゴリズムを作成しておけば、初期値を更新するだけで、いくらでも多くのデータ処理にそのまま利用できるからです。

では、実際にベイズ更新の考えを取り入れてみます。2回目のデータをベイズの理論に取り込むときの事前確率は、(4) より次の表になります。

原因H	H_1	H_2
事前確率	$\dfrac{2}{3}$	$\dfrac{1}{3}$

2回目のデータ処理のための事前確率。1回目の事後確率を利用する。これがベイズ更新。

式で示すと2回目の事前確率$P_2(H_1)$、$P_2(H_2)$は次の値になります。

$$P_2(H_1) = P_1(H_1 \mid R) = \frac{2}{3}、P_2(H_2) = P_1(H_2 \mid R) = \frac{1}{3} \qquad (5)$$

この事前確率 (5) をベイズの基本公式に代入し、2回目の玉の取り出した後の事後確率が次のように算出されます。

$$P_2(R) = P(R \mid H_1)P_2(H_1) + P(R \mid H_2)P_2(H_2) = \frac{4}{5} \times \frac{2}{3} + \frac{2}{5} \times \frac{1}{3} = \frac{10}{15}$$

$$\left.\begin{array}{l} P_2(H_1 \mid R) = \dfrac{P(R \mid H_1)P_2(H_1)}{P_2(R)} = \dfrac{\frac{4}{5} \times \frac{2}{3}}{\frac{10}{15}} = \dfrac{4}{5} \\[2em] P_2(H_2 \mid R) = \dfrac{P(R \mid H_2)P_2(H_2)}{P_2(R)} = \dfrac{\frac{2}{5} \times \frac{1}{3}}{\frac{10}{15}} = \dfrac{1}{5} \end{array}\right\} \qquad (6)$$

こうして、2回目のデータ処理が終了しました。

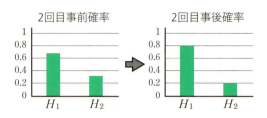

2個目の計算結果。2回続けて赤玉が出たので、更に壺1の方に確率が偏る。

2回続けて赤玉（R）が得られたので、赤玉の割合の高い壺1の確率がずいぶんと大きくなりました。

❖3回目の玉取り出し

3回目の玉の取り出しに話を進めましょう。3回目に取り出した玉は「白玉」（W）です。この3回目の玉に対しても、2回目のときと計算の方法に変化はありません。「ベイズ更新」を利用し、3回目の事前確率として2回目の事後確率（6）を利用します。

原因 H	H_1	H_2
確率 P	$\dfrac{4}{5}$	$\dfrac{1}{5}$

3回目のデータ処理のための事前確率。ベイズ更新から2回目の事後確率を利用する。

式で示すと3回目の事前確率 $P_3(H_1)$、$P_3(H_2)$ は次の値になります。

$$P_3(H_1) = P_2(H_1 \mid R) = \frac{4}{5}、P_3(H_2) = P_2(H_2 \mid R) = \frac{1}{5} \quad (7)$$

この事前確率（7）と、データが W（白玉）に対する尤度（1）をベイズの基本公式に代入します。こうして、3回目の事後確率が算出されます。

$$P_3(W) = P(W \mid H_1)P_3(H_1) + P(W \mid H_2)P_3(H_2) = \frac{1}{5} \times \frac{4}{5} + \frac{3}{5} \times \frac{1}{5} = \frac{7}{25}$$

$$P_3(H_1 \mid W) = \frac{P(W \mid H_1)P_3(H_1)}{P_3(W)} = \frac{\frac{1}{5} \times \frac{4}{5}}{\frac{7}{25}} = \frac{4}{7}$$

対象の壺が「壺1である」確率は $\dfrac{4}{7}$ であることがわかりました。　**答**

以上で、3回すべてのデータ処理が完了です。ベイズの計算の典型的な計算の流れがこの例題から見えたと思います。理由不十分の原則を用いてとりあえず仮定した初期の確率($P_1(H_1) = P_1(H_2) = 1/2$)から、「ベイズ更新」という武器を利用して、データを得るたびに確率を現実に合わせていくのがベイズ流のデータ処理なのです。

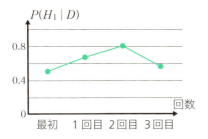

赤、赤、白というデータを入手したときの壺1の確率$P(H_1 \mid D)$（DはRかW）の変遷。人間の感覚とよく一致している。人工知能でベイズの理論が利用される理由が垣間見られる。

❖ 逐次合理性

ベイズの理論では、独立した複数のデータを1個ずつ処理できるという便利な特徴があることを調べました。しかし、「データを取り込む順序で結果が異なってしまうのでは？」という危惧が生まれます。この例題の解では、玉の色の情報の順を「赤」「赤」「白」の順で処理しましたが、例えば「赤」「白」「赤」の順で処理をしたなら、結果が異なるのでしょうか。

結論から言うと、結果は同じになります。独立なデータを取り込む順序を変えても、得られる結論は不変なのです。これをベイズの定理の**逐次合理性**と呼びます。この性質のおかげで、ベイズの理論は大変扱いやすいものとなります。

「赤」「赤」「白」の順で処理しても、「赤」「白」「赤」の順で処理しても、得られる結果は同じになる。

実際に「赤白赤」の順で処理した事後分布、及び「白赤赤」の順で処理した事後分布のグラフを並べて示しましょう。例題の解で調べた「赤赤白」の順で処理した事後確率と最後は同一の結論になっています。

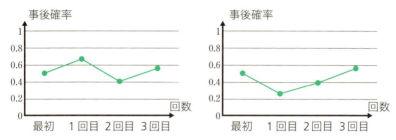

例題 において、「赤白赤」(左)、「白赤赤」(右)の順で処理した場合の、事後確率の値の推移。同一データのセットに関して、順序を変えて処理しても、その結果はすべて一致。

以上の性質から、ベイズの理論はデータの継ぎ足しが簡単なことがわかります。新たなデータを取得した際、昔のデータの分析結果を事前分布にとれば、過去のデータ情報が事後確率に継承されることになるのです。

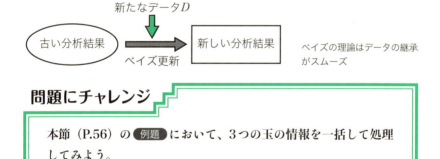

問題にチャレンジ

本節(P.56)の 例題 において、3つの玉の情報を一括して処理してみよう。

解 記号 H_1、H_2 は本文 例題 と同じ意味を持つとします。また、赤赤白という順で玉が取り出されること(データ)を D で表現しましょう。すると、独立試行の定理(→1章§3)から尤度は次のように得られます。

$$P(D\mid H_1)=\text{「壺1から}D\text{が得られる確率」}=\frac{4}{5}\cdot\frac{4}{5}\cdot\frac{1}{5}=\frac{16}{125}$$

$$P(D\mid H_2)=\text{「壺2から}D\text{が得られる確率」}=\frac{2}{5}\cdot\frac{2}{5}\cdot\frac{3}{5}=\frac{12}{125}$$

事前確率は理由不十分の原則から (3) を採用します。これらをベイズの基本公式に代入し、次の結果が得られます。

$$P(D)=P(D\mid H_1)P_1(H_1)+P(D\mid H_2)P_1(H_2)$$
$$=\frac{16}{125}\times\frac{1}{2}+\frac{12}{125}\times\frac{1}{2}=\frac{14}{125}$$

$$P(H_1\mid D)=\frac{P(D\mid H_1)P_1(H_1)}{P(D)}=\frac{\frac{16}{125}\times\frac{1}{2}}{\frac{14}{125}}=\frac{4}{7}$$

こうして 例題 と同じ答が得られました。 **答**

> **MEMO** 理由不十分の原則と経験則
>
> 本例題のように、ベイズの基本公式を利用して確率計算をする際に、各原因 H に与える最初の確率は不明なことが普通です。何も情報がなければ、各 H の確率には一様な値を割り振る(理由不十分の原則)のですが、もし経験などがあり、どれかの原因の確率が大きいと考えられるときには、どうすれば良いでしょうか? 当然、それを活かした割り振りを行うべきです。その経験がたとえ不正確でも、本節で調べたように、データを得るたびにそれは修正されます。

2.5 ナイーブベイズ分類

ベイズの定理の実用的な応用である**ベイズフィルター**について調べましょう。特に有名な「ナイーブベイズ分類」を考えますが、これは前節で取りあげた壺の問題と数学的に等価です。

❖ ベイズフィルターの仕組み

ベイズフィルターとは、ベイズの論理を利用して、不要な情報を確率的に排除する技法です。ここでは、代表的な応用例である「迷惑メール」の排除法を調べてみましょう。

多くの迷惑メールには特徴ある単語が利用されています。たとえばアダルト系の迷惑メールならば「無料」、「秘密」なとという単語が多用されています。したがって、これらの単語が用いられているメールは迷惑メールの「におい」がします。

逆に、迷惑メールには通常用いられない単語があります。たとえば、「科学」とか「統計」などという単語は、迷惑メールにはあまり利用されないでしょう。そこで、これらの単語が用いられているメールは通常メールの「におい」がします。このような「におい」の嗅ぎ分けをベイズの理論で行うのがベイズフィルターです。

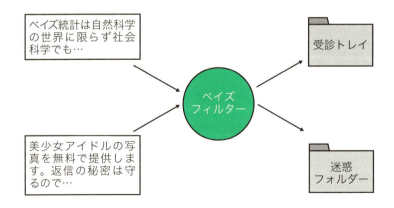

❖ナイーブベイズ分類

ベイズフィルターの中でも、最も単純なフィルターが**ナイーブベイズ分類**と呼ばれる方法です[*2]。

ナイーブベイズ分類は、メールの中の言葉の相関を全く無視します。先に挙げた迷惑メールの例でいうと、「秘密」と「無料」の2つの言葉の間には強い相関があるはずですが、それを無いものとしてしまうのです。このように単純化してもナイーブベイズ分類は実効性があり、多くのメールフィルターの基本になっています。

❖具体例を見る

「案ずるより産むがやすし」で、実際に例題を解いてみましょう。

例題 迷惑メールか通常メールかを調べるために、4つの単語「秘密」、「無料」、「統計」、「科学」に着目することにする。これらの単語は、次の確率で迷惑メールと通常メールに含まれることが調べられている。

検出語	迷惑メール	通常メール
秘密	0.7	0.1
無料	0.7	0.3
統計	0.1	0.4
科学	0.2	0.5

あるメールを調べたなら、次の順でこれらの単語が検索された。

秘密、無料、科学

このメールは迷惑メール、通常メールのどちらに分類した方がよいか。ただし、これまでの調査の結果から、迷惑メールと通常メールの比率は6：4の割合とする。

以下に、ステップを追って解いてみましょう。

❖問題をベイズ風に整理

例題の整理をしましょう。まず、原因（H）として次の二つを定義します。

[*2] ナイーブベイズ分類は**単純ベイズ分類**とも呼ばれます。

原因 H	H_1	H_2
意味	受信メールは迷惑メール	受信メールは通常メール

また、データ (D) として、次の4つを定義します。

データ	意味
D_1	受信メールに「秘密」という単語が検出される
D_2	受信メールに「無料」という単語が検出される
D_3	受信メールに「統計」という単語が検出される
D_4	受信メールに「科学」という単語が検出される

尤度は題意に示されているものを、そのまま利用します。

D	H_1(迷惑メール)	H_2(通常メール)
D_1 (秘密)	0.7	0.1
D_2 (無料)	0.7	0.3
D_3 (統計)	0.1	0.4
D_4 (科学)	0.2	0.5

尤度の表

❖公式を用意

ベイズの基本公式 (→§2.2) を書き下して見ましょう。

$$P(H_i \mid D_j) = \frac{P(D_j \mid H_i)P(H_i)}{P(D_j)} \quad (i=1,2; j=1,2,3,4)$$

ここで右辺分母の周辺尤度 $P(D_j)$ は言葉 D_j の受信確率であり、メールが「迷惑」でも「通常」でも値は共通です。そこで、次の関係が成立します。

$$\frac{P(H_1 \mid D_j)}{P(H_2 \mid D_j)} = \frac{P(D_j \mid H_1)P(H_1)}{P(D_j \mid H_2)P(H_2)} \tag{1}$$

これが論理を簡単にしてくれる秘密です。

❖事前確率の設定

これまで受信した迷惑メールと通常メールの数の比を事前確率に利用します。すなわち、調査の結果をそのまま利用し、次の (2) のように設定します。この設定を取り込めることがナイーブベイズによるフィルターの精度を高くする理由となります。

$$P_0(H_1) = 0.6、P_0(H_2) = 0.4 \tag{2}$$

これまでのように表にしてみると、更に見やすくなります。

原因H	H_1	H_2
事前確率	0.6	0.4

❖ベイズ更新をフルに活用

最初に「秘密」D_1を得たので、それを得た後の事後確率を考えましょう。このデータD_1を得た後の事後確率$P_1(H_1 \mid D_1)$、$P_1(H_2 \mid D_1)$の比は(1)から次のように表せます。

$$\frac{P_1(H_1 \mid D_1)}{P_1(H_2 \mid D_1)} = \frac{P(D_1 \mid H_1)P_0(H_1)}{P(D_1 \mid H_2)P_0(H_2)} \tag{3}$$

2個目に得たデータ「無料」D_2を処理しましょう。このとき、ベイズ更新を利用して、事前確率は(2)に代わって1回の目の事後確率$P_1(H_1 \mid D_1)$、$P_1(H_2 \mid D_1)$を用います。また、各データが独立していることを仮定するので、尤度は先の表の値をそのまま利用できます。すると、このデータD_2を得た後の事後確率$P_2(H_1 \mid D_2)$、$P_2(H_2 \mid D_2)$の比は、(1)から次のように表せます。

$$\frac{P_2(H_1 \mid D_2)}{P_2(H_2 \mid D_2)} = \frac{P(D_2 \mid H_1)P_1(H_1 \mid D_1)}{P(D_2 \mid H_2)P_1(H_2 \mid D_1)} \tag{4}$$

同様にして、3個目に得たデータ「科学」D_4を処理しましょう。事前確率はベイズ更新より$P_2(H_1 \mid D_2)$、$P_2(H_2 \mid D_2)$を用い、尤度は先の表の値をそのまま利用します。すると、データD_4を得た後の事後確率$P_3(H_1 \mid D_4)$、$P_3(H_2 \mid D_4)$の比は、(1)から次のように表せます。

$$\frac{P_3(H_1 \mid D_4)}{P_3(H_2 \mid D_4)} = \frac{P(D_4 \mid H_1)P_2(H_1 \mid D_2)}{P(D_4 \mid H_2)P_2(H_2 \mid D_2)} \tag{5}$$

最後に、データを得た後の事後確率(3)〜(5)を辺々掛け合わせてみましょう。

$$\frac{P_1(H_1\mid D_1)}{P_1(H_2\mid D_1)}\frac{P_2(H_1\mid D_2)}{P_2(H_2\mid D_2)}\frac{P_3(H_1\mid D_4)}{P_3(H_2\mid D_4)}$$
$$=\frac{P(D_1\mid H_1)P_0(H_1)}{P(D_1\mid H_2)P_0(H_2)}\frac{P(D_2\mid H_1)P_1(H_1\mid D_1)}{P(D_2\mid H_2)P_1(H_2\mid D_1)}\frac{P(D_4\mid H_1)P_2(H_1\mid D_2)}{P(D_4\mid H_2)P_2(H_2\mid D_2)}$$

両辺を共通の項で約してみましょう。

$$\frac{P_3(H_1\mid D_4)}{P_3(H_2\mid D_4)}=\frac{P_0(H_1)}{P_0(H_2)}\frac{P(D_1\mid H_1)}{P(D_1\mid H_2)}\frac{P(D_2\mid H_1)}{P(D_2\mid H_2)}\frac{P(D_4\mid H_1)}{P(D_4\mid H_2)}$$

比の形にすると、更にわかりやすいでしょう。

$$P_3(H_1\mid D_4):P_3(H_2\mid D_4)$$
$$=P_0(H_1)P(D_1\mid H_1)P(D_2\mid H_1)P(D_4\mid H_1):$$
$$P_0(H_2)P(D_1\mid H_2)P(D_2\mid H_2)P(D_4\mid H_2)$$

これが「ナイーブベイズ分類」の結論の式です。すなわち、次の一般的な結論が得られたわけです。

全データを得た後の事後確率の比は、各メールの事前確率にデータごとの尤度を順に掛けて得られる値の比と一致する。

ところで、1通のメールが迷惑メールか通常メールかを判定するには、最後の事後確率$P_3(H_1\mid D_4)$、$P_3(H_2\mid D_4)$の大小だけが問題です。こうして、最初の事前確率に尤度を単純に掛け合わせ、結果の大小を判定するだけで、迷惑メールか通常メールの判定が出来ることになるのです。

以上のことを表に示してみましょう。

D	H_1 (迷惑メール)	H_2 (通常メール)
事前確率	0.6	0.4
秘密 (D_1)	0.7	0.1
無料 (D_2)	0.7	0.3
科学 (D_4)	0.2	0.5
最後の事後確率	$0.6\times 0.7\times 0.7\times 0.2=0.0588$	$0.4\times 0.1\times 0.3\times 0.5=0.0060$

この表の最下行の結果から、次の結論が得られます。

$P_3(H_1\mid D_4):P_3(H_2\mid D_4)=0.0588:0.0060$

すなわち、$P_3(H_1\mid D_4)>P_3(H_2\mid D_4)$

原因が「迷惑メール（H_1）」となる確率が大きいので、受信メールは「迷惑メール」と判定されることになります。　**答**

以上が、ナイーブベイズ分類のアイデアです。ナイーブと名づけられるだけあって、大変計算が簡単です。

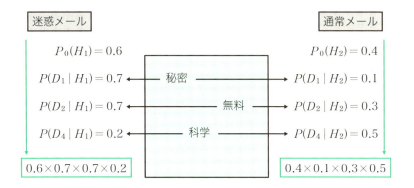

この結果を一般化するのは容易でしょう。最後の事後確率の比は、事前確率にデータごとの尤度（出現確率）を掛け合わせた値の比になるのです。すなわち、データが現れるたびにその尤度を事前確率に掛け、最後に値を比較すれば迷惑メールか通常メールかが判定できるのです。なお、実際の計算は、積を和に変換する対数を用いて行うのが普通です。

問題にチャレンジ

この 例題 において、「無料」「統計」という2つの言葉が検出されたとき、そのメールは迷惑メールと通常メールのどちらに分類されるか調べよ。

解 次の表を作成してみましょう。

D	H_1（迷惑メール）	H_2（通常メール）
事前確率	0.6	0.4
無料（D_2）	0.7	0.3
統計（D_3）	0.1	0.4
最後の事後確率	$0.6 \times 0.7 \times 0.1 = 0.042$	$0.4 \times 0.3 \times 0.4 = 0.048$

最下行の結果から、原因が「通常メール（H_2）」となる方が大きいので、このメールは「通常メール」と判定されることになります。　**答**

2.6 パターン認識とMAP推定

MAP推定法とは「事後確率を最大にするパラメータの値が真の値である」と推定する考え方です。具体的な応用例として、ここでは簡単なパターン認識の問題を取り上げましょう。前節の壷の問題（§4）やナイーブベイズ分類（§5）と数学的に等価の簡単な論理ですが、パターン認識の世界でもベイズの理論は活躍しているのを見てみましょう。

❖ MAP推定法

MAP推定法（Maximum A posteriori Probability estimation method）とは事後確率が最大になる場合が最良の推定値であるという考え方を用いた推定法です。選択に迷うときには最大の「確率」を持つ場合を選ぶのが一般的ですが、その「確率」を「事後確率」に置き換えるのです。

例として、次の 例題 を調べましょう。

例題 平仮名「あ」「か」「さ」「た」「な」の5文字だけで書かれた文献があり、文字の使用頻度は次のようになっていた。

文字 θ	あ	か	さ	た	な	計
$P(\theta)$	0.1	0.3	0.1	0.3	0.2	1

この文献の中で、1文字が虫に食われてほとんど読めない文字がある。運よく一番上の部分は残されていて、次のパターンをしている。

この上部パターン D が「あ」「か」「さ」「た」「な」に現れる割合は次の値であることが調べられている。

文字 θ	あ	か	さ	た	な
$P(D \mid \theta)$	0.7	0.3	0.2	0.8	0.6

この虫に食われた文字をMAP推定法で推定してみよう。

解 各文字θの使用頻度を「事前確率」$P(\theta)$とします。更に、残された文字部分のパターンDが最上部に現れる割合を尤度$P(D\mid\theta)$として利用します。すると、次表が作成できます。

文字θ	あ	か	さ	た	な	和
$P(\theta)$	0.1	0.3	0.1	0.3	0.2	1
$P(D\mid\theta)$	0.7	0.3	0.2	0.8	0.6	
$P(D\mid\theta)P(\theta)$	0.07	0.09	0.02	0.24	0.12	0.54

ちなみに、この表から周辺尤度$P(D)$は

$$P(D) = 0.54$$

表の値を「ベイズの基本公式」(→§2.2) に代入して、事後確率が得られます。

文字θ	あ	か	さ	た	な	和
事後確率$P(\theta\mid D)$	0.13	0.17	0.04	0.44	0.22	1

この表から、事後確率が最大になるのは「た」です。よって、虫に食われてほとんど読めない文字は「た」と推定されます*3。 **答**

❖文字認識とMAP推定法

一般的に文字認識の方法を調べてみましょう。文字認識は郵便番号の読み取りやOCR(Optical Character Reader) などでよく知られていますが、その実現は大変な作業を伴います。例えば、パソコンに組み込まれた代表的なフォントで平仮名「あ」を見てみましょう。

あ あ あ あ あ

これに手書きまで加えると、コンピュータで文字を読み取るのは面倒な作業であることが想像されます。しかし、ベイズの理論を用いると、その認識精度が飛躍的に向上することがわかっています。このとき利用される方法の一つがこの **例題** で示したMAP推定法なのです。

MAP推定法で「あ」を読み取る原理を考えます。下図を見てください。平仮名の「あ」を認識するのに、まず横に文字をスライスします。

---

*3 実際の計算では、事後確率$P(\theta\mid D)$を算出する必要はありません。表の$P(D\mid\theta)P(\theta)$を最大にする文字θがMAP推定値となります。これは周辺尤度$P(D)$が「あ」〜「な」で共通だからです。

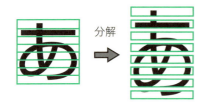

文字をスライスする。更に縦方向にもスライスすると、認識精度は向上する。

そして、例えば一番上のスライス部分Dに着目し、文字θにおいてこの部分Dが現れる割合$P(D \mid \theta)$をこれまでの文献で調べておきます[*4]。

文字θ	あ	い	う	え	⋯
$P(D \mid \theta)$	0.7	0.1	0.2	0.6	⋯

ここに示した表の割合が尤度$P(D \mid \theta)$として利用できます。

次に、各文字の利用頻度を調べます。それも過去の文献から調査します。このデータが「事前確率」$P(\theta)$として利用されます。

文字θ	あ	い	う	え	⋯	計
$P(\theta)$	0.03	0.02	0.01	0.05	⋯	1

このような準備の後に、上記スライスの現れる事後確率を算出します。そして、その最大なものをその文字の真の数字と推定するのです。

以上のシナリオを具体化したのが先に解いた **例題** であり、次に示す**問題**です。MAP推定を利用したパターン認識の論理の核心は「事前確率として文字の出現確率を考慮している」ということです。事前確率の大切さが理解できる典型的な例題です。

[*4] Dは上記スライスのパターンが観測されること。

問題にチャレンジ

平仮名「あ」「か」「さ」「た」「な」の5文字だけで書かれた文献があり、文字の使用頻度は次のようになっていた。

文字 θ	あ	か	さ	た	な	計
$P(\theta)$	0.1	0.3	0.1	0.3	0.2	1

ある文字があり、水平に8等分に分割し、上から2つのスライス部分は順に次のパターンであった。

この文字が何かをMAP推定法で推定してみよう。ただし、この上部パターンが「あ」「か」「さ」「た」「な」で現れる割合は次のようになることが調べられている。ここで、D_1 は一番上のパターン、D_2 はその下の2番目のパターンのデータを意味する。

文字 θ		あ	か	さ	た	な
$P(D_1 \mid \theta)$		0.7	0.3	0.2	0.8	0.6
$P(D_2 \mid \theta)$		0.8	0.5	0.8	0.9	0.6

なお、D_1（一番上のパターン）と D_2（2番目のパターン）のデータは独立と仮定する。

解 例題 に示した表を再度作成してみましょう。

文字 θ	あ	か	さ	**た**	な	和
$P(\theta)$	0.1	0.3	0.1	0.3	0.2	1
$P(D_1 \mid \theta)$	0.7	0.3	0.2	0.8	0.6	
$P(D_2 \mid \theta)$	0.8	0.5	0.8	0.9	0.6	
$P(D_2 \mid \theta)P(D_1 \mid \theta)P(\theta)$	0.056	0.045	0.016	**0.216**	0.072	0.405
事後確率 $P(\theta \mid D_1, D_2)$	0.14	0.11	0.04	**0.53**	0.18	1

事後確率は文字「た」が最大です。よって、MAP推定の結果、得られた2つのパターンに該当する文字は「た」と推定されます[*5]。 **答**

[*5] 先の 例題 と同様、実際には最下行の事後確率 $P(\theta \mid D_1, D_2)$ を算出する必要はありません。下から2行目の $P(D_2 \mid \theta)P(D_1 \mid \theta)P(\theta)$ を最大にする文字 θ がMAP推定値となります。これは前節の「ナイーブベイズ分類」と同じ原理です。

参考　最尤推定法とMAP推定法の違い

ある島の住民について喫煙率を調べたところ、各年代について次のような結果が得られました。

年代	20歳代	30歳代	40歳代	50歳代	60歳以上
人数割合	0.13	0.14	0.17	0.17	0.39
喫煙率	0.30	0.39	0.41	0.36	0.24

ここで、次の問題を考えます。

問　この島に1本の吸殻が落ちていたとき、それを落とした人の年代は上の表のどの年代の人か推定せよ。ただし、成人の島民以外は考えず、また喫煙頻度は一様と考える。

この **問** に対して、喫煙率が一番大きい「40歳代」と答えるのが最尤推定法の考え方です。推定量に対して最大確率0.41に対応する「40歳代」が推定値になるからです。

それに対して、MAP推定法はもう少し複雑で、上の表から次の表を作成します。

年代	20歳代	30歳代	40歳代	50歳代	60歳以上
人数割合	0.13	0.14	0.17	0.17	0.39
喫煙率	0.30	0.39	0.41	0.36	0.24
積	0.039	0.055	0.070	0.061	**0.094**
事後確率	0.123	0.172	0.219	0.192	**0.294**

この表から、MAP推定法では「60歳代以上」が答になります。最大事後確率0.294に対する「60歳代以上」が推定値となるからです[*6]。

[*6] 下から2行目の「積」の行の値で、事後確率を最大にする年代は判定できます。このことは§2.5、2.6で見てきました。

ベイジアンネットワーク

　ベイズの定理の考え方を応用すると、複雑な因果関係からなる確率現象をグラフィカルに分析できるようになります。それがベイジアンネットワークです。何層ものベイジアンネットワークは計算が大変ですが、コンピュータの発達のお陰で容易になり、いろいろな分野で応用されるようになりました。

3.1 ベイジアンネットワークとは

ベイズの定理の考え方を応用したものとして脚光を浴びているのが**ベイジアンネットワーク**[*1]です。確率現象の原因と結果の関係や確率的な事象の推移をグラフィカルに表現したものです。

❖ベイズの定理とベイジアンネットワーク

ベイズの定理を考えるとき、次のような図を示しました（→2章）。

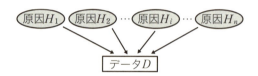

楕円が仮定や原因、長方形がデータや結果を表す。

さて、得られたデータが新たな原因になって更に次のデータを生む、という場合が考えられます。複数の原因とデータ（すなわち結果）が確率の連鎖になった場合です。このような原因と結果のネットワークを**ベイジアンネットワーク**といいます。

ベイジアンネットワークは下図のような簡単な図で表現されます。

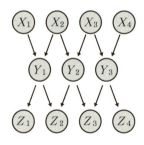

ベイジアンネットワークの例
原因がデータを生み、そのデータが原因になってまたデータを生むというように、原因と結果の連鎖を表す。原因とデータ（結果）の区別はなくなるので、それらは共通の○で表現されている。これを**ノード**という。

このネットワークの中の○は**ノード**と呼ばれます。原因と結果の区別がなくなるので、ベイズの定理の説明に用いた楕円と長方形は○で統一的に表記されます。

[*1] ベイジアンネットワークは**ベイズネットワーク**、**信念ネットワーク**、**ビリーフネットワーク**とも呼ばれます。

❖親ノードと子ノード

もう少し詳しくベイジアンネットワークの表現法を調べてみましょう。

ベイジアンネットワークの矢印は原因と結果、すなわち因果関係を表します。原因から結果に矢印が向けられます。その矢の出発点のノードを**親ノード**、矢の先にあるノードを**子ノード**といいます。

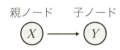

矢の元が親ノード、矢の先が子ノード

ベイジアンネットワークでは、子ノードは独立した親ノードからのみ影響を受けることを前提とします。親の親（すなわち祖父や祖母）など、2段以上離れたノードの影響は受けないことが仮定されるのです。この仮定を**マルコフ条件**といいます。

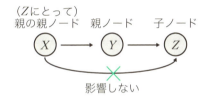

マルコフ条件
子は親の影響のみを受けるという仮定。この条件は確率の連鎖の処理を簡単にしてくれる。

❖ノードの文字は確率変数

ノードを表す○の中には文字が書かれています。この文字は確率変数を表します。確率変数は2値を取り、対象とする現象が起こったとき1(すなわち真)、現象が起こらなかったとき0(すなわち偽) を表します。この確率分布はネットワーク作成者が与えるか、計算で求めます。また、矢には上下のノードの確率変数の関係を結びつける条件付き確率を与えます。

ノードの文字Xは0と1の値をとる確率変数であり、その確率分布が与えられる。また、矢には上下の確率変数の関係を示す条件付き確率が与えられる。具体的には次の節を見てみよう。

3.2 簡単なベイジアンネットワークの計算法

簡単な例で、実際にベイジアンネットワークの確率計算をしてみましょう。ベイジアンネットワークの計算の仕組みは難しいものではありません。それを本節の例題で確かめてください。

❖具体例を見てみよう

ベイジアンネットワークの有名な例として、多くの文献に取り上げられている「泥棒と警報機」の問題を取り上げてみます。

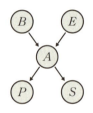

ベイジアンネットワークの有名な例。Bは泥棒（Burglar）、Eは地震（Earthquake）、Aは警報（Alarm）、Pは警察（Police）、Sは警備会社（Security）、を表す。泥棒が入ると、その振動で警報が鳴り、警察か警備会社に通報が行くという現象を表現している。警報は地震でも鳴ると仮定。

この図は泥棒（Burglar）が入ると、その振動でアラーム（Alarm）が鳴り、警察（Police）、警備会社（Security）に通報が行くという現象を表現しています。アラームは、泥棒の侵入以外に、地震（Earthquake）でも鳴ると仮定します。前節でも確認したように、図の中の文字は確率変数を表します。例えば、この図の中の Ⓑ にある変数名Bは、泥棒が侵入したときに値1をとり、そうでないときに値0をとる確率変数です（下表）。

確率変数名	1	0
B	泥棒侵入	泥棒は不侵入
E	地震発生	地震無し
A	警報鳴る	警報鳴らない
P	警察に通報	警察に通報しない
S	警備会社に通報	警備会社に通報しない

❖ベイジアンネットワークには確率が与えられる

親ノードから子ノードへの矢印は原因と結果、すなわち因果関係を表し

ます。この関係を確率論的に表現するのに、親ノードには確率が、矢印には条件付き確率が与えられます。先の「泥棒と警報機」を表すベイジアンネットワークの一部を抜き出し、調べてみましょう。

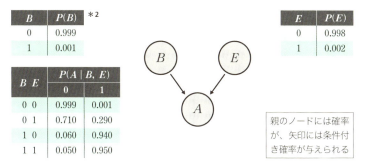

親ノード⑱、⑮には対応する確率変数の確率分布が与えられています（上の2つの表）。この親ノードの確率分布はベイズの定理における「事前確率」に相当します。子ノード⑭に向かう矢印は因果関係を表します。その因果関係を定めるために、条件付き確率が与えられます（左下の表）。

❖ベイジアンネットワークの計算例

上図のベイジアンネットワークを利用して、実際に確率計算をしてみましょう。この計算法が理解できれば、何段にも重なる複雑なベイジアンネットワークへの対応も簡単です。

例題 上記の「泥棒と警報機」のベイジアンネットワークの例で、警報が鳴ったとき、それが泥棒の進入による場合の確率$P(B=1 \mid A=1)$を求めよ。

解1 $P(B=1 \mid A=1)$とは「アラーム（A）がなったときに、それが泥棒（B）の進入による」という条件付き確率です。確率の乗法定理（→1章§1.2）から

$$P(B=1 \mid A=1) = \frac{P(A=1, B=1)}{P(A=1)} \tag{1}$$

この式から、アラームが鳴ったときの確率$P(A=1)$で、$A=1$と$B=1$の同時確率$P(A=1, B=1)$を割れば、求めたい条件付き確率$P(B=1 \mid A=1)$が得られるわけです。

※2 表の$P(B)$とは$P(B=1)$または$P(B=0)$を表します。それらの確率は表で与えられています。$P(E)$も同様です。また、$P(A \mid B, E)$もB,Eの値、およびAの値に応じて$P(A=0 \mid B=0, E=0)$、$P(A=1 \mid B=0, E=0)$などを意味します。ちなみに、「,」は論理積（and）を表します（→1章§1.6）。

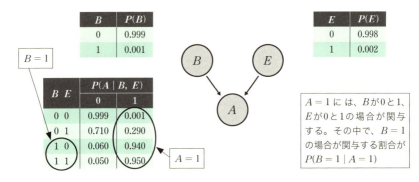

そこで、$A=1$ の場合の次の表を作成してみましょう。その中でグレーの網をかけた行は $B=1$ に該当する確率 $P(A=1, B=1)$ の部分です。

泥棒B	地震E	警報A	確率	和
0	0	1	$0.999 \times 0.998 \times 0.001$	
0	1	1	$0.999 \times 0.002 \times 0.290$	$P(A=1)=0.002516$
1	0	1	$0.001 \times 0.998 \times 0.940$	
1	1	1	$0.001 \times 0.002 \times 0.950$	

こうして、式 (1) の $P(B=1, A=1)$、$P(A=1)$ が求められます。

$$P(B=1, A=1) = 0.001 \times 0.998 \times 0.940 + 0.001 \times 0.002 \times 0.950$$
$$= 0.000940$$
$$P(A=1) = 0.999 \times 0.998 \times 0.001 + 0.999 \times 0.002 \times 0.290$$
$$+ 0.001 \times 0.998 \times 0.940 + 0.001 \times 0.002 \times 0.950$$
$$= 0.002516$$

式 (1) に代入して、

$$P(B=1 \mid A=1) = \frac{0.000940}{0.002516} = 0.374 \quad (37.4\%) \quad \text{答}$$

❖ベイズの定理を利用した解法

この 例1 の解法は実際にパソコン等で計算するのに便利な方法です。しかし、ベイズの理論の考え方だけで解いているので、「ベイズの定理」を使いたいという読者には物足りないかもしれません。そこで、以下に「ベイズの定理」を用いた解法を示します。

解2 ベイズの定理を用いた 例題 の解

目標の $P(B=1 \mid A=1)$ にベイズの定理を当てはめてみましょう。

$$P(B=1 \mid A=1) = \frac{P(A=1 \mid B=1)P(B=1)}{P(A=1)} \quad (2)$$

分子第1項 $P(A=1 \mid B=1)$ を地震の有無に分け、更に乗法定理を応用して、

$P(A=1 \mid B=1) = P(A=1, E=1 \mid B=1) + P(A=1, E=0 \mid B=1)$
$= P(A=1 \mid B=1, E=1)P(E=1 \mid B=1)$
$\quad + P(A=1 \mid B=1, E=0)P(E=0 \mid B=1)$

E、B の独立性から、
$P(E=1 \mid B=1) = P(E=1)$、$P(E=0 \mid B=1) = P(E=0)$ より、

$$P(A=1 \mid B=1) = P(A=1 \mid B=1, E=1)P(E=1)$$
$$+ P(A=1 \mid B=1, E=0)P(E=0) \quad (3)$$

次に (2) の分母を調べてみましょう。全確率の定理 (→1章§1.2) から、

$$P(A=1) = P(A=1 \mid B=1, E=1)P(B=1, E=1)$$
$$+ P(A=1 \mid B=1, E=0)P(B=1, E=0)$$
$$+ P(A=1 \mid B=0, E=1)P(B=0, E=1)$$
$$+ P(A=1 \mid B=0, E=0)P(B=0, E=0)$$

MEMO 同時確率 $P(B=1, A=1)$ の記号

事象についての条件付き確率は次のように定義されました。

$$P(B \mid A) = \frac{P(A \cap B)}{P(A)} \quad (\rightarrow 1 \text{章} §1.2)$$

ここで $A \cap B$ は積事象の意味です。本節では A、B を確率変数として扱っているので、集合の記号 $\cap$ は利用できません。そこで、確率変数として「$A=1$ 尚且つ $B=1$ を満たす事象」の積事象という意味で、$P(B=1, A=1)$ の記号を利用しています (→1章§1.6)。

E、B の独立性より、

$$\begin{aligned}P(A=1)=&P(A=1\mid B=1,\ E=1)P(B=1)P(E=1)\\&+P(A=1\mid B=1,\ E=0)P(B=1)P(E=0)\\&+P(A=1\mid B=0,\ E=1)P(B=0)P(E=1)\\&+P(A=1\mid B=0,\ E=0)P(B=0)P(E=0)\end{aligned} \quad (4)$$

こうしてベイジアンネットワークに併記されている確率の表の値を利用できるようになりました。(3)、(4) に代入してみましょう。

$$P(A=1\mid B=1)=0.950\times0.002+0.940\times0.998=0.940020 \quad (5)$$
$$\begin{aligned}P(A=1)=&0.950\times0.001\times0.002+0.940\times0.001\times0.998\\&+0.290\times0.999\times0.002+0.001\times0.999\times0.998\\=&0.002516\end{aligned} \quad (6)$$

計算結果 (5) (6) を (2) に代入し、答が得られます。

$$P(B=1\mid A=1)=\frac{P(A=1\mid B=1)P(B=1)}{P(A=1)}$$
$$=\frac{0.940020\times0.001}{0.002516}=0.374 \quad \textbf{答}$$

解1 よりも煩雑ですが、ベイズの定理を学習するには良い解法でしょう。

問題にチャレンジ

(問1) 本節の 例題 で、警報が鳴ったとき、それが地震による場合の確率 $P(E=1\mid A=1)$ を求めましょう。

解 警報が鳴ったときそれが地震による場合の確率は、例題 の 解1 と同様に次の表の和で求められます。

泥棒B	地震E	警報A	確率	和
0	0	1	$0.999\times0.998\times0.001$	
0	1	1	$0.999\times0.002\times0.290$	$P(A=1)=0.002516$
1	0	1	$0.001\times0.998\times0940$	
1	1	1	$0.001\times0.002\times0950$	

この表から、グレーの網を掛けた部分 ($E=1$) に着目して、

$P(E=1 \mid A=1)$
$= \dfrac{0.999 \times 0.002 \times 0.290 + 0.01 \times 0.02 \times 0.950}{0.002516} = 0.231 = 23.1\%$ 答

問題にチャレンジ

(問2) 例題 で、新たにニュース報道のノード Ⓝ を追加し（下図）、「警報が鳴ったとき、ニュースで地震速報も聞いた（$N=1$）」という現象が加わった場合の $P(B=1 \mid A=1)$ を計算せよ。

B	$P(B)$
0	0.999
1	0.001

E	$P(E)$
0	0.998
1	0.002

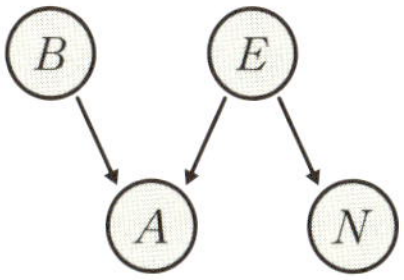

B E	$P(A \mid B, E)$	
	0	1
0　0	0.999	0.001
0　1	0.710	0.290
1　0	0.060	0.940
1　1	0.050	0.950

E	$P(N \mid E)$	
	0	1
0	1	0
1	0	1

解 ニュース報道は正確と考えられます。その報道が「地震があった」と伝えたとき、地震のノード（Ⓔ）では、$E=1$ が確定します。そこで、確率表は次のようになります。

泥棒B	地震E	警報A	ニュースN	確率	和
0	1	1	1	$0.999 \times 1 \times 0.290$	0.29066
1	1	1	1	$0.001 \times 1 \times 0.950$	

この表から、グレーの網を掛けた部分（$B=1$）に着目して、

$P(B=1 \mid A=1, N=1) = \dfrac{0.001 \times 1 \times 0.950}{0.29066} \fallingdotseq 0.00327$ （0.327%）

答 *3

実際問題として、警報器が鳴り（$A=1$）、地震速報が流れているときに、泥棒が入って（$B=1$）いる確率は小さいことを示しています。

---

*3 このように、地震があっても、泥棒が入っている確率は0にはなりません。地震と同時に泥棒が入っていることがあるからです。しかし、「ニュースを見た」という新たな情報の入手によって、「泥棒が警報を鳴らした」確率は 例題 の解よりも大幅に減少することになります。

3.3 ベイジアンネットワークの実際の計算

前節では簡単なベイジアンネットワークの例を通して、その計算法を調べました。ここではもう少し複雑な形の計算法を調べましょう。

❖ 少し複雑な例

前節 (§3.2) と同様、具体例で話しを進めましょう。例として、§3.2でも取りあげた次の有名な問題を利用します。

例題1 下図のベイジアンネットワークの例で、警備会社(S)に通報が来たとき、それが泥棒(B)による場合の確率$P(B=1 \mid S=1)$を求めよ。

B	$P(B)$
0	0.999
1	0.001

E	$P(E)$
0	0.998
1	0.002

B	E	$P(A \mid B, E)$ 0	$P(A \mid B, E)$ 1
0	0	0.999	0.001
0	1	0.710	0.290
1	0	0.060	0.940
1	1	0.050	0.950

A	$P(S \mid A)$ 0	$P(S \mid A)$ 1
0	0.99	0.01
1	0.30	0.70

解 計算法は§3.2で調べた方法と同様です。ベイズの定理を導出するために用いた条件付き確率の式を用います。

$$P(B=1 \mid S=1) = \frac{P(B=1, S=1)}{P(S=1)} \quad (1)$$

右辺分母の$P(S=1)$は警備会社に通報が行ったときの確率ですが、次の表に示す8通りの確率の和で得られます。そして例えば、1行目の確率は$B=1$、$E=1$、$A=1$、$S=1$の確率表の該当部の値の積で得られます。

また、分子の$P(B=1, S=1)$はこの表の中のグレーの網掛けをした行の確率の和になります。

泥棒B	地震E	警報A	警備S	確率
1	1	1	1	$0.001 \times 0.002 \times 0.950 \times 0.70$
1	1	0	1	$0.001 \times 0.002 \times 0.050 \times 0.01$
1	0	1	1	$0.001 \times 0.998 \times 0.940 \times 0.70$
1	0	0	1	$0.001 \times 0.998 \times 0.060 \times 0.01$
0	1	1	1	$0.999 \times 0.002 \times 0.290 \times 0.70$
0	1	0	1	$0.999 \times 0.002 \times 0.710 \times 0.01$
0	0	1	1	$0.999 \times 0.998 \times 0.001 \times 0.70$
0	0	0	1	$0.999 \times 0.998 \times 0.999 \times 0.01$
			和	$P(S=1) = 0.011736$

以上から、

$$P(B=1,\ S=1) = 0.001 \times 0.002 \times 0.950 \times 0.70$$
$$+ 0.001 \times 0.002 \times 0.050 \times 0.01$$
$$+ 0.001 \times 0.998 \times 0.940 \times 0.70$$
$$+ 0.001 \times 0.998 \times 0.060 \times 0.01 = 0.000659$$

$P(S=1) = $「この表全体の確率の和(上の表の最下行)」$= 0.011736$ (2)

これらを (1) に代入して、

$$P(B=1\mid S=1) = \frac{0.000659}{0.011736} = 0.0561152 \quad (\fallingdotseq 5.6\%) \quad \text{答}$$

問題にチャレンジ

(問1) この 例題 で与えられたベイジアンネットワークで、警備会社に通報が来た($S=1$)とき、それが地震による場合($E=1$)の確率を表す$P(E=1\mid S=1)$を求めよ。

解 例題 の解法と同様です。

ベイズの定理を導出するために用いた条件付き確率の定義式

$$P(E=1\mid S=1) = \frac{P(E=1,\ S=1)}{P(S=1)} \quad (3)$$

において、右辺分母の$P(S=1)$は警備会社に通報が行ったときの確率ですが、これは 例題 の場合 (2) と同じです。

また、分子の$P(E=1,\ S=1)$は次の表の中のグレーの網掛けをした行

の確率の和になります。

泥棒B	地震E	警報A	警備S	確率
1	1	1	1	$0.001 \times 0.002 \times 0.950 \times 0.70$
1	1	0	1	$0.001 \times 0.002 \times 0.050 \times 0.01$
1	0	1	1	$0.001 \times 0.998 \times 0.940 \times 0.70$
1	0	0	1	$0.001 \times 0.998 \times 0.060 \times 0.01$
0	1	1	1	$0.999 \times 0.002 \times 0.290 \times 0.70$
0	1	0	1	$0.999 \times 0.002 \times 0.710 \times 0.01$
0	0	1	1	$0.999 \times 0.998 \times 0.001 \times 0.70$
0	0	0	1	$0.999 \times 0.998 \times 0.999 \times 0.01$
			和	$(P(S=1)=)0.011736$

$$P(B=1, S=1) = 0.001 \times 0.002 \times 0.950 \times 0.70$$
$$+ 0.001 \times 0.002 \times 0.050 \times 0.01$$
$$+ 0.999 \times 0.002 \times 0.290 \times 0.70$$
$$+ 0.999 \times 0.002 \times 0.710 \times 0.01 = 0.000421 \quad (4)$$

(2) (4) を (3) に代入して、

$$P(E=1 \mid S=1) = \frac{0.000421}{0.011736} = 0.035881 \quad (\fallingdotseq 3.6\%) \quad \text{答}$$

問題にチャレンジ

(問2) この 例題 で与えられたベイジアンネットワークで、警備会社に通報が来た($S=1$)とき、それが泥棒の侵入($B=1$)と地震による場合($E=1$)の両方によってもたらされた確率 $P(B=1, E=1 \mid S=1)$ を求めよ。

解 例題、(問1) に示した解法と同様です。ベイズの定理を導出するために用いた条件付き確率の定義式より、

$P(B=1, E=1 \mid S=1)$[*4]
$= \dfrac{P(B=1, E=1, A=1, S=1) + P(B=1, E=1, A=0, S=1)}{P(S=1)}$
$= 0.001 \times 0.002 \times (0.950 \times 0.70 + 0.050 \times 0.01) / 0.011736$
$= 0.000113$ **答**

[*4] $P(S=1)$ は式 (2) 参照。泥棒と地震の両者が同時に起こることは稀なので、当然確率はこのように小さくなります。

ベイズ統計学の基本

　本書の主題であるベイズの定理を統計学に応用することを考えます。統計モデルは母数（パラメータ）で組み立てられますが、ベイズの理論ではこの母数が確率変数として扱われます。これは、従来の統計学にない特徴です。

4.1 ベイズ統計学の基本公式

統計学にベイズの定理を応用したものがベイズ統計学です。従来の統計学は、平均値（期待値）や分散などを定数として扱ってきました。ベイズ統計学はそれらを確率変数として扱います。ベイズの理論ではこのアイデアの理解が不可欠です[*1]。

❖統計モデルと母数

統計分析の際には分析対象をモデル化しますが、そのモデルを数学的に表現するものが確率分布です。その確率分布はいくつかのパラメータで規定されるのが普通です。そのパラメータが**母数**です。

例1 正規分布の「母数」は期待値と分散です。

正規分布の確率密度関数は次の形で定義されます。

$$f(x) = \frac{1}{\sqrt{2\pi}\,\sigma} e^{-\frac{(x-\mu)^2}{2\sigma^2}}$$

この式からわかるように、正規分布は期待値 μ と分散 σ^2 で完全に規定されます。これら μ、σ^2 が「母数」となります。

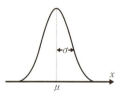

正規分布は期待値 μ と分散 σ^2 の2つが母数。

例2 コインを投げて表裏の出る現象を調べるとき、そのコインの特性値である「表の出る確率」θ が母数です。

「表の出る確率」θ を持つコインを1回投げたとき、表が出たら1、裏が出たら0となる確率変数 X の確率分布を考えます。これは次表の「ベルヌーイ分布」に従います。この分布の母数は θ です。

表裏 X	0	1
確率 p	$1-\theta$	θ

表 θ 裏 $1-\theta$

[*1] この節では一般的に話を進めます。抽象的で理解しづらいと思われる場合には本節は軽く読み流し、次節以降の具体例（§4.2、4.3）で理解を深めてください。

❖ベイズ統計学は母数を確率変数と考える

確率分布は「母数」で定められますが、その母数の扱い方がベイズ統計学と従来の統計学とでは大きく異なります。

従来の統計学（頻度論の統計学）は母数を「定数」として扱います。その「定数」で定められた確率分布に従ってデータが生起したと考え、データの生起確率の妥当性を議論します。

ベイズ統計学はその逆の考え方をとります。データが得られたとき、母数のどの値がどれ位の確率でその生起に関与したかを調べるのです。すなわち母数を確率変数と解釈するのです。これがベイズ統計学の出発点です。この考え方を利用してベイズ統計学の基本公式が導出されます。

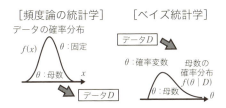

データ D が得られたとき、それがどの「母数 θ を持つ確率分布」から生起したかを調べるのがベイズ統計学。生起のしやすさが母数の値ごとに異なるので、ベイズ統計学では母数 θ が変数となる。従来の統計学（頻度論）が母数を定数として扱うことと大きく異なる。

❖ベイズの公式に母数を取り込む

ベイズ統計学の出発点は「ベイズの基本公式」です（→2章§2.2）。再掲しましょう。

公式　ベイズの基本公式

データ D が原因 H_1、H_2、$\cdots$、H_n のどれか一つから生まれると仮定する。事後確率 $P(H_i \mid D)$ は次の式で表される。

$$\left.\begin{array}{l} P(H_i \mid D) = \dfrac{P(D \mid H_i)P(H_i)}{P(D)} \quad (i=1,\ 2,\ \cdots,\ n) \\ P(D) = P(D \mid H_1)P(H_1) + P(D \mid H_2)P(H_2) + \\ \qquad\qquad \cdots + P(D \mid H_n)P(H_n) \end{array}\right\} \quad (1)$$

ここで、$P(H_i)$ は事前確率、$P(D \mid H_i)$ は尤度、$P(D)$ は周辺尤度を表す。

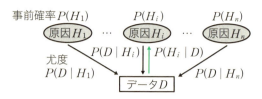

ベイズの基本公式
事前確率$P(H_i)$と尤度$P(D|H_i)$が与えられたとき、確率$P(H_i|D)$（上向きの矢印）が得られる。

　ベイズ統計学は「母数を確率変数と解釈する」といいましたが、どうやってこれを実現するのでしょうか？　その解決のキーが次のアイデアです。

ベイズの基本公式（1）の原因H_iを母数と読み替える

　データDが得られたとき、母数のどの値がどれ位の確率で関与したかを調べるのがベイズ統計学なのです。母数の値をθ_1、θ_2、…、θ_nとし、上記公式（1）にこの置き換えを実行してみましょう。

> **公式　ベイズ統計学の基本公式（離散的確率変数のとき）**
>
> $$P(\theta_i | D) = \frac{P(D | \theta_i)P(\theta_i)}{P(D)}$$
> $$P(D) = P(D | \theta_1)P(\theta_1) + P(D | \theta_2)P(\theta_2) + \cdots + P(D | \theta_n)P(\theta_n)$$
> (2)

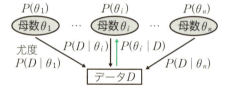

ベイズの基本公式にある原因H_iを母数θ_iに読み替えるのがベイズ統計学の基本。なお、$P(\theta_i)$は母数の事前確率であり、$P(D|\theta_i)$は尤度。

　これを離散的な母数に対する「ベイズ統計学の基本公式」と呼ぶことにします。「ベイズの基本公式」（1）の原因Hを母数θに置き換えただけですが、大きな飛躍の式になります。

❖連続的な値をとる母数の場合

　式（2）では、母数が離散値を取ることを前提としています。しかし、「母平均」や「母分散」など、通常の母数は連続的な値をとるのが普通です。そこで、そのような母数を扱えるように式（2）を修正する必要があります。

母数が連続的な値を取るときにも、考え方は変わりません。ただし、式(2)の「確率」$P(\theta_i)$、$P(\theta_i|D)$を「確率密度」と解釈し直す必要があります。そこで、本書では確率密度を表す記号としてπを用い、式(2)の確率記号Pに置き換えることにします。

$$
\begin{aligned}
&(\text{事前確率})P(\theta_i) &\rightarrow\quad &(\text{事前分布})\pi(\theta) \\
&(\text{事後確率})P(\theta_i|D) &\rightarrow\quad &(\text{事後分布})\pi(\theta|D)
\end{aligned}\Biggr\}\text{*2} \quad (3)
$$

$\pi(\theta)$、$\pi(\theta|D)$は母数θの確率密度関数です。「事前確率」は**事前分布**に、「事後確率」は**事後分布**に名称が変更されていることに注意しましょう。

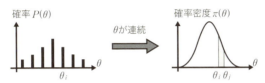

事前確率$P(\theta)$においては、$\theta=\theta_i$のときの確率は$P(\theta_i)$。事前分布$\pi(\theta)$においては、$\theta_i \leq \theta \leq \theta_j$のときの確率は上の図の網の面積(→1章§1.4)。事後分布$\pi(\theta|D)$についても同様。

次に(2)の中の尤度$P(D|\theta_i)$について考えましょう。

尤度の定義から、尤度$P(D|\theta)$は母数θで定まる確率分布からデータDが生起される確率を表します。ところで、確率分布はコインの表裏のように離散的な値を表すこともあり、また身長の分布のように連続的な値を表すこともあります。そこで、これまで確率を表す記号として用いてきた尤度の記号$P(D|\theta)$を、次のように一般的な関数を表す記号に置き換えましょう。

$$
(\text{尤度})P(D|\theta_i) \quad\rightarrow\quad (\text{尤度})f(D|\theta) \qquad (4)
$$

以上(3)(4)の置き換えを施すと、式(2)は次のように書き換えられます。これが目標の式です。今後は、この(5)を連続的な母数に対する**ベイズ統計学の基本公式**と呼ぶことにします。ベイズ統計学の出発点となる大切な公式だからです。

---

*2 πはローマ字pに対応するギリシャ文字です。

> **公式** ベイズ統計学の基本公式（連続的確率変数のとき）
>
> 連続的な母数 θ の事前分布を $\pi(\theta)$、尤度を $f(D\mid\theta)$ とするとき、事後分布 $\pi(\theta\mid D)$ は次の式から求められる。
>
> $$\left.\begin{array}{l}\pi(\theta\mid D)=\dfrac{f(D\mid\theta)\pi(\theta)}{P(D)}\\[6pt] \text{ここで}P(D)=\displaystyle\int_{\theta}f(D\mid\theta)\pi(\theta)d\theta\end{array}\right\} \quad (5)^{*3}$$

母数 θ は連続量なので、周辺尤度 $P(D)$ は積分で表されています。
公式（5）の中の各項の意味を再確認しましょう。

事前分布 $\pi(\theta)$	データを得る前に仮定された「母数 θ の確率分布」
尤度 $f(D\mid\theta)$	母数 θ のもとでデータ D が生起される確率（または確率密度）
事後分布 $\pi(\theta\mid D)$	データ D が得られ後の「母数 θ の確率分布」

❖ベイズ統計学の基本公式（5）の簡略形

公式（5）の分母 $P(D)$ はデータ D が生起する確率（周辺尤度）であり、母数 θ に関しては定数です。そこで、式（5）は次のように表現されます。

> **公式** ベイズ統計学の基本公式の簡略形
>
> $$\pi(\theta\mid D)=kf(D\mid\theta)\pi(\theta)\quad (k\text{は定数})\tag{6}$$

また、この式（6）は言葉で次のように表せます。

事後分布は尤度と事前分布の積のみに比例する。

本書ではこの式（6）も「ベイズ統計学の基本公式」と呼ぶことにします。簡潔な式であり、$P(D)$ を問題にしないときには大変便利な式です。
データ D が得られときにその原因が母数 θ である確率（事後分布）は、θ の存在確率（事前分布）と、その θ がデータを生起する確率（尤度）の積に比例するという、常識的な内容を表しています。

[*3] 式（5）の積分範囲は母数 θ の定義された全域です。なお、データ D や母数 θ は1変数ではなく多変数でもそのまま成立します。このとき、（5）の積分は多重積分となります。

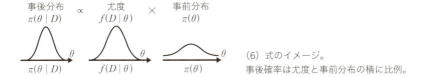

(6) 式のイメージ。
事後確率は尤度と事前分布の積に比例。

❖「母数を確率変数と考える」というイメージ

具体的な話は次の節に回し、一般的なイメージを下図に示しましょう。母数θが変化すると、それに規定される確率分布が変化すること、そして、データDの尤度もそれに応じて変化することを見てください。

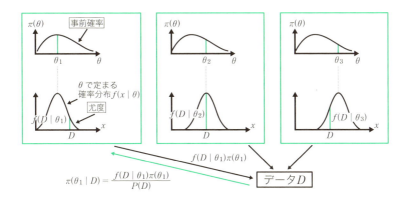

データDが得られたとき、母数θで規定される確率分布$f(x\mid\theta)$がどれ位の割合で関与したかを算出する公式が（5）（及び（6））。ここでは連続量θをθ_1、θ_2、θ_3の3つで代表している。なお、データDの従う確率分布$f(x\mid\theta)$としては期待値θを持つ正規分布をイメージしている。Dの位置が固定されていること、θの値によって確率分布$f(x\mid\theta)$が移動していること、に注意。

❖尤度とデータが従う確率分布との関係

尤度$f(D\mid\theta)$は母数θを持つ確率分布からデータDが生起される確率を表します。そこで、母数θで規定されるデータの従う確率分布を$f(x)$としたとき、尤度$f(D\mid\theta)$は次のように表現されます。

$$f(D\mid\theta) = f(D)$$

例 母数 μ、分散 1^2 を持つ正規分布 $f(x) = \dfrac{1}{\sqrt{2\pi}} e^{-\frac{(x-\mu)^2}{2}}$ からデータ5が得られたとします。このとき、尤度 $f(5 \mid \mu)$ は次のように求められます。

$$f(5 \mid \mu) = \dfrac{1}{\sqrt{2\pi}} e^{-\frac{(5-\mu)^2}{2}}$$

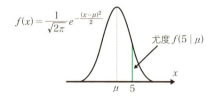

データが確率密度関数 $f(x)$ に従うとき、尤度 $f(D \mid \theta)$ はその関数 $f(x)$ にデータ D を代入したときの形をしている。

問題にチャレンジ

（問1）確率変数 X が次の確率分布表に従うとする。

X	0	1
確率	$1-\theta$	θ

データ $X=1$ を得たときの尤度 $f(1 \mid \theta)$ はどのように表されるか*4。

解 この確率分布の表から

$$f(1 \mid \theta) = \theta \quad \text{答}$$

問題にチャレンジ

（問2）二項分布 $B(10, \theta)$ に従う確率変数 X を考える。すなわち、$X=k$ が次の確率分布の関数で表現されるとする。

$$f(k) = {}_{10}C_k \theta^k (1-\theta)^{10-k}$$

$X=4$ のデータが得られたとき、この尤度 $f(4 \mid \theta)$ はどのように表されるか。

解 二項分布の確率分布の式 $f(x)$ に $x=4$ を代入して、

$$f(4 \mid \theta) = {}_{10}C_4 \theta^4 (1-\theta)^{10-4} = 210 \theta^4 (1-\theta)^6 \quad \text{答}$$

*4 この確率分布をベルヌーイ分布といいます（→5章§1、6章§2）。

> **MEMO　周辺尤度と規格化定数**
>
> 式 (6) の右辺の定数 k は「全確率が 1」となるように調整するための定数と考えられます。このような定数を**規格化定数**と呼びます（→1章 §1.1 MEMO）。実際、事後分布 (6) にこの考えを適用してみましょう。
>
> $$\int_\theta \pi(\theta \mid D) d\theta = 1 \tag{7}$$
>
>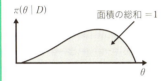
>
> 「全確率は 1」という法則を事後分布について適用。
>
> 式 (6) の右辺をこの式 (7) に代入します。
>
> $$\int_\theta \pi(\theta \mid D) d\theta = \int_\theta k f(D \mid \theta) \pi(\theta) d\theta = k \int_\theta f(D \mid \theta) \pi(\theta) d\theta = 1$$
>
> これから k を求め、(5) の $P(D)$ の式と見比べると次の関係が得られます。
>
> $$k = \frac{1}{\int_\theta f(D \mid \theta) \pi(\theta) d\theta} = \frac{1}{P(D)}$$
>
> こうして、周辺尤度 $P(D)$ は事後分布の規格化定数（の逆数）の役割を担っていることがわかります。

4.2 ベイズ統計学の簡単な例(1) … 離散的な母数の場合

前節（§4.1）では、ベイズ統計学の基本公式を一般的に導出しました。これからは、その具体的な意味を調べることにします。本節では離散的な値をとる母数を持つ統計モデルについて調べましょう。連続的な母数と異なり、積分を用いないので済むので、「母数が確率変数」という意味を理解するには良い例題となります。

❖母数を確率変数と捉える

「ベイズの基本公式」（→2章§2.2）の原因を母数θと単純に読み替えることで、次の「ベイズ統計学の基本公式」が得られました。

$$P(\theta_i \mid D) = \frac{P(D \mid \theta_i) P(\theta_i)}{P(D)} \qquad (1) \ (\S 4.1 \text{の式 (2) を再掲})$$

この意味を、頻度論の議論と対比させながら、具体例で調べてみます。

例 中の見えない箱の中に赤玉と白玉が合計3個入っている。（全部赤玉、あるいは全部白玉も許される。）この箱から玉を無作為に一つ取り出し、再び戻すという操作を3回行ったところ、赤、赤、白の玉が順に取り出された。この箱の中の赤玉の個数θについて調べてみよう。

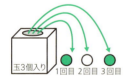

赤玉の個数をθとするとき、このモデルを規定する母数はこのθ。0～3の整数を取る（この例では明らかに$\theta \neq 0$、$\theta \neq 3$だが、一般性を持たせるためにあえて個数0、3も考慮することにする）。

❖頻度論ではどう扱う？

この確率モデルを支える母数は「箱の中の赤玉の個数」θです。頻度論では確定した母数を仮定します。次の **例題1** で実際に確認してみましょう。（対比しやすいように、非常に単純化しています。）

例題1 先の **例** において、箱の中の赤玉の個数θが1であるといえ

るかを、有意水準5%で両側検定せよ。

解 帰無仮説「H_0：赤玉の個数θが1」が成立するとき、1回の操作で赤玉の出る確率pは次のように与えられます。

$$p = \frac{1}{3}$$

すると、3回の試行で赤玉の出る回数の確率は次の表に示されます。

赤玉の出る回数	0	1	2	3
確率	$\frac{8}{27}$	$\frac{12}{27}$	$\frac{6}{27}$	$\frac{1}{27}$

*5

赤玉を取り出した回数は2回であり、この表から「赤玉2回」は帰無仮説の棄却域に入っていません（下図）。したがって、「H_0：箱の中の赤玉の個数は1個」であることは棄却できず、赤玉の個数θが1であることは受容されます。 **答**

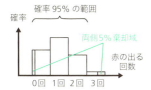

赤玉の個数$\theta = 1$を仮定し、3回の試行で赤玉の出る回数の確率分布を図示。両側5%（片側で2.5%）の棄却域には「赤玉が2回出る」は入らない。

以上が、頻度論における仮説検定の論理の大まかな進め方です。設問でわかるように、赤玉の個数θは1（赤玉の出る確率pは1/3）と固定されて議論が進められていることに留意してください。頻度論では、母数を固定して考えるからです。

❖ベイズ統計学はどう扱う？

いま調べたように、頻度論では確定した母数を仮定し、話しを進めます。それに対してベイズ統計学では母数を確率変数と考え、その分布を調べます。次の **例題2** で考え方を見てみましょう。

例題2 先の **例** において、3回玉を取り出した後の赤玉の個数θの確率分布（事後分布）を求めよ。

---

*5 この表の計算には反復試行の確率の定理（→1章§1.3）を利用しています。例えば、赤玉の個数が2個のときは次のように求められます。

$$_3C_2 \left(\frac{1}{3}\right)^2 \left(1-\frac{1}{3}\right) = \frac{6}{27}$$

「赤玉の個数θの確率分布」とは、「赤、赤、白の玉が取り出された」というデータを得たとき、下記の箱が各々どれ位くらいの確率で存在するのが妥当かを表現する分布のことです。

「赤玉の個数θの確率分布」とは、赤玉θの箱がどれくらいの確率で存在しているかを表現する。（θが0と3はこの 例題 では明らかに意味が無いが、議論に一般性を持たせるために、あえて考慮している。）

それでは、ステップを追いながら、問題を解いてみましょう*6。

❖事前分布の設定

玉を取り出すとき、θ＝0～3に対応する箱についての情報は何もありません。どの箱が存在しやすいか、の情報は題意に示されていないのです。そこで、各箱の存在する確率は等しいと考えられます。「最初に取り出す前の『赤玉X個の箱』の存在確率」は1/4と設定できると仮定するのです。

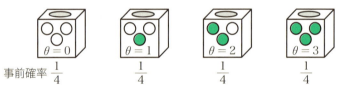

事前分布の設定。玉を最初に取り出す前の各箱の存在確率は等しい。

この考え方を**理由不十分の原則**と呼ぶことは、2章§2.4で調べました。この一様な確率分布を**無情報事前分布**と呼びます。

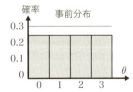

事前分布
何も情報がなければ、理由や条件の存立確率はどれも等しいという原則から、一様な分布（すなわち無情報事前分布）が仮定される。

---

*6 この 例題2 は先に調べた壺の問題（→2章§4）と考え方は同一です。

❖尤度の設定

各箱から「赤玉、赤玉、白玉」の順で結果（データ）が得られる確率（すなわち尤度）を、各箱ごとに計算してみましょう。確率の乗法定理から、次のように得られます。

θ	0	1	2	3
尤度	$\frac{0}{3}\cdot\frac{0}{3}\cdot\frac{3}{3}=0$	$\frac{1}{3}\cdot\frac{1}{3}\cdot\frac{2}{3}=\frac{2}{27}$	$\frac{2}{3}\cdot\frac{2}{3}\cdot\frac{1}{3}=\frac{4}{27}$	$\frac{3}{3}\cdot\frac{3}{3}\cdot\frac{0}{3}=0$

尤度の表。確率の乗法定理から得られる。

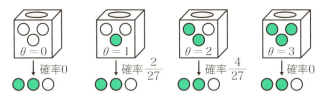

赤玉が取り出されるときの尤度

❖ベイズ統計学の基本公式を利用

ベイズ統計学の基本公式（1）において、データ D は「赤赤白と出た」ということであり、母数 θ は箱の中の赤玉の個数です。

$$P(\theta \mid D) = \frac{P(D \mid \theta)P(\theta)}{P(D)} \quad (\theta = 0, 1, 2, 3) \tag{2}$$

事前分布 $P(\theta)$、尤度 $P(D \mid \theta)$ を表にまとめ、それらの積と総和を求めましょう。

赤玉の個数 θ（母数）	事前確率 $P(\theta)$	尤度 $P(D \mid \theta)$	$P(D \mid \theta)P(\theta)$	和 $P(D)$
0個	$\frac{1}{4}$	0	$0 \times \frac{1}{4} = 0$	
1個	$\frac{1}{4}$	$\frac{2}{27}$	$\frac{2}{27} \times \frac{1}{4} = \frac{1}{54}$	$\frac{3}{54}$
2個	$\frac{1}{4}$	$\frac{4}{27}$	$\frac{4}{27} \times \frac{1}{4} = \frac{2}{54}$	
3個	$\frac{1}{4}$	0	$0 \times \frac{1}{4} = 0$	

式（2）にこの表の値を代入して、「赤玉θの個数」の確率分布（事後分布）が次表のように得られます。これが求めたい確率分布です。　**答**

箱中の赤玉の個数θ	0個	1個	2個	3個
θの確率分布 （事後分布）	0	$\left(\dfrac{1}{54}\Big/\dfrac{3}{54}=\right)\dfrac{1}{3}$	$\left(\dfrac{2}{54}\Big/\dfrac{3}{54}=\right)\dfrac{2}{3}$	0

この確率分布をグラフにしてみましょう。3回中2回赤玉が出たので、箱の中の赤玉の個数θ（母数）の分布は、θの値が大きい方に偏ることになります。

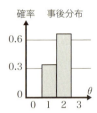

事後分布のグラフ。これが3個のデータを得た後の母数θの確率分布。

以上が、母数が離散的な値をとる場合について、その母数を確率変数とするベイズ流の考え方です。大切なことは、「箱の中の赤玉の個数」θを統計モデルの母数と考え、その分布をデータから調べたことです。この考え方はベイズ統計学の一貫した姿勢になります。

❖ 必要な情報は母数の確率分布から算出

確率現象においては、確率分布が得られれば、期待値、分散、モード（最頻値）など、知りたいすべての統計情報が計算から得られます。

例えば、モード（最頻値）によって箱の中の赤玉の数を推定してみましょう。事後分布の表からθ＝2のときに確率が最大なので、次のように推定されます[*7]。

$$\text{箱の中の赤玉の個数}\theta\text{の推定値}=2$$

また、期待値を用いて箱の中の赤玉の数θを推定してみましょう。事後分布の表から、θの期待値μは次のように求められます。

$$\mu = 0\times 0 + 1\times \dfrac{1}{3} + 2\times \dfrac{2}{3} + 3\times 0 = \dfrac{5}{3}$$

[*7] 事後分布の最大値から母数を推定する方法をMAP推定法と呼びます（→2章§2.6）。

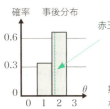

赤玉の個数 θ の期待値 $\dfrac{5}{3}$

期待値（平均値）は確率分布の重心を表すので、左図のような位置になる。

問題にチャレンジ

例 において「赤」「白」「白」と取り出されたとき、赤玉の個数 θ の確率分布（事後分布）を求めよ。

解 例題2と同様にして、確率分布の表が次のように得られます。　**答**

箱中の赤玉の個数 θ	0個	1個	2個	3個
θ の確率分布（事後分布）	0	$\dfrac{2}{3}$	$\dfrac{1}{3}$	0

MEMO　周辺尤度 $P(D)=\dfrac{3}{54}$ の意味

例題2 で求めた周辺尤度 $P(D)$ の値 $\dfrac{3}{54}$ は「箱の中に計3個の赤白の玉が入っている」というモデルで考えたときに「赤、赤、白」というデータの得られる確率です。ところで、もし「箱の中に計2個の赤白の玉が入っている」というモデルで考えたならば、周辺尤度 $P(D)$ はいくつになるでしょうか。その求め方は玉3個のモデルの場合と全く同一で、次のように算出されます。

$$P(D)=\dfrac{1}{24}$$

このように、同じデータを得るにも、モデルによって周辺尤度 $P(D)$ の値は異なってきます。この違いをモデルの評価につなげるのが「ベイズ因子」です（詳細は5章§5.5）。

4.3 ベイズ統計学の簡単な例(2) … コインの表裏の出方

前の節（→§2）では、離散的な値をとる母数について、「ベイズ統計学の基本公式」の使い方を調べました。実用的な統計モデルでは、母数が連続的な量をとるのが普通です。本節ではその典型例として有名な「コインの表裏の出方」を考えてみましょう。

❖コインの出方とベイズ統計学の基本公式

ベイズ統計学の初学者が戸惑うことで有名なのがコインの問題ですが、ベイズ統計学の考え方を理解するのに最適です。

例題 「表」の出る確率が θ である1枚のコインを1回投げたところ、「表」が出た。このとき、θ の事後分布を求めよ。なお、このコインの表裏の現れやすさについては、事前に何も知識がないと仮定する。

❖統計モデルの設定

この例題の確率分布を規定する「母数」は「表の出る確率」θ $(0 \leq \theta \leq 1)$ です。そして、表裏の出る確率分布は次のように表せます（表を1、裏を0としています）。

表裏	0（裏）	1（表）
確率	$1-\theta$	θ

確率分布を表す関数 $f(x)$ で表現してみましょう。

$$f(1) = \theta,\ f(0) = 1 - \theta \quad (0 \leq \theta \leq 1)^{*8} \tag{1}$$

❖尤度の算出

得られたデータ D（すなわち「表」）は、この確率分布の表から次の確率で得られます。これが尤度 $f(D\,|\,\theta)$ となります。

---

*8 このような確率分布をベルヌーイ分布といいます（→5章§5.1、6章§6.2）。

$$\text{尤度 } f(D \mid \theta) = f(1) = \theta \tag{2}$$

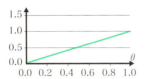

尤度（2）のグラフ

❖事前分布の設定

コインを投げる前の確率分布（すなわち事前分布）を$\pi(\theta)$とします。題意の「表裏の現れやすさについては、事前に何も知識がない」とあるので、**無情報事前分布**（→§4.2）として次の一様分布を充てることにします。

$$\pi(\theta) = 1 \quad (0 \leq \theta \leq 1) \tag{3}$$

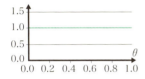

事前分布（3）
事前の情報がないので、「理由不十分の原則」からどのθの値も区別がつかないということで、一様分布$\pi(\theta) = 1$を当てる。

このような一様分布を充てるのは、「事前の情報がないときにはどの場合も等確率」という理由不十分の原則（→2章§2.4）を適用するからです。

❖事後分布の算出

ベイズ統計学の基本公式（→§4.1）に（2）（3）を代入し、事後分布$\pi(\theta \mid D)$が次のように算出されます（データDは「表」を表します）。

$$\pi(\theta \mid D) = \frac{f(D \mid \theta)\pi(\theta)}{P(D)} = \frac{\theta \cdot 1}{P(D)} = \frac{\theta}{P(D)} \tag{4}$$

ここで$P(D)$は周辺尤度で、次のように表せます。

$$P(D) = \int_0^1 f(D \mid \theta)\pi(\theta)d\theta = \int_0^1 \theta d\theta = \left[\frac{\theta^2}{2}\right]_0^1 = \frac{1}{2} \tag{5}$$

以上の（4）（5）から、次の事後分布$\pi(\theta \mid D)$が得られます。

$$\pi(\theta \mid D) = 2\theta \quad \textbf{答} \tag{6}$$

事後分布（6）のグラフを事前分布（3）に重ねて描いてみましょう。「表」が出たのですから、「表の出やすさ」θの確率密度が$\theta=1$の方向にシフトしていることがわかります。

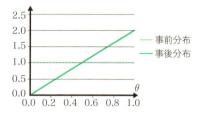

事後分布（6）のグラフ。「表」が出たというデータDの情報から、事後分布は表の出る確率が大きい方に偏ることになる。

❖コインの表の出る確率θが確率変数になるという意味

最初に示したように、このコインの問題は頻度論に慣れ親しんでい多くの人を困惑させます。「表の出る確率θは定数」という考え方に染まっているからです。ベイズ統計学においては、母数が確率分布として扱われるという意味を、次の図でもう一度確認しましょう。

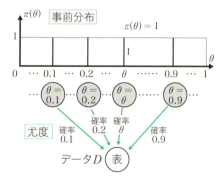

事前分布、尤度、データの関係。「コインの表の出る確率」θが確率変数になるという意味を、θが0.1、0.2、θ、0.9をピックアップして調べた図。色々なθの値が「表」というデータの生起に関与している。

「表」というデータは色々な「表の出る確率θ」のコインから生起されます。その内で、ある「表の出る確率θ」のコインが関与した「原因の確率」が事後分布（6）で表されているのです。

···$\begin{pmatrix}\theta=\\0.1\end{pmatrix}$···$\begin{pmatrix}\theta=\\0.2\end{pmatrix}$···$\begin{pmatrix}\theta=\\\theta\end{pmatrix}$······$\begin{pmatrix}\theta=\\0.9\end{pmatrix}$···

事後分布
$\pi(\theta \mid D) = 2\theta$

データ D 表

事後分布の意味。データ D(すなわち「表」)が得られたとき、その原因が「表の出る確率 θ」のコインである確率密度が (6) の $\pi(\theta \mid D) = 2\theta$。

問題にチャレンジ

この 例題 において、そのコインを1回投げたとき「裏」が出たとする。このとき、「表の出る」確率 θ の確率分布を求めよ。

解 「裏」が出たので、例題 の尤度 (2) は次のように変更されます。

$$尤度 \quad f(D \mid \theta) = f(0) = 1 - \theta \tag{7}$$

事前分布 (3) は変更する必要がないので、例題 (4) (5) 式は次のようになります[*9]。

式 (5): $P(D) = \int_0^1 f(D \mid \theta)\pi(\theta)d\theta = \int_0^1 (1-\theta)d\theta = \left[\theta - \frac{\theta^2}{2}\right]_0^1 = \frac{1}{2}$

式 (4): $\pi(\theta \mid D) = \dfrac{f(D \mid \theta)\pi(\theta)}{P(D)} = \dfrac{(1-\theta)\cdot 1}{P(D)} = 2(1-\theta)$ **答**

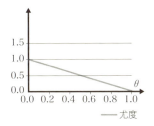
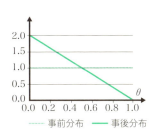

[*9] 尤度 $f(D \mid \theta)$、事前分布 $\pi(\theta)$、事後分布 $\pi(\theta \mid D)$ のグラフを下図に示しました。

4.4 ベイズ統計学の簡単な例(3) … 缶ビールの内容量

前節(→§4.3)に続けて、母数が連続的な量をとる場合を調べましょう。ここでは有名な正規分布について、ベイズ統計学の基本公式をどのように適用するかを見てみます。

❖ 正規分布とベイズ統計学の基本公式

正規分布に従うデータについて、「ベイズ統計学の基本公式」(→§4.1(5)式)をどのように適用するかを見るために、次の簡単な例を調べます。

例題 ある飲料メーカーの製造する内容量350mlと表示された缶ビールがある。製品の内容量X(ml)の母平均μを調べるために、無作為に1缶取り出したところ、351mlであった。このデータを得た後の母平均μの確率分布(すなわち事後分布)を求めよ。

なお、内容量X(ml)の分散は1^2であることがわかっている。また、経験的に母平均μは350mlを期待値とし、分散2^2の正規分布に従うことが知られているので、それを事前分布とする。

❖ 統計モデルの設定

大量生産で作られる製品の内容量Xの分布は正規分布になると考えられます。題意からその分散は1^2なので、この製品の内容量Xを表す確率密度関数$f(x)$は次の式で示されます。μは内容量の母平均であり、この統計モデルを支える母数です[*10]。

$$f(x) = \frac{1}{\sqrt{2\pi}} e^{-\frac{(x-\mu)^2}{2}} \quad (1)$$

[*10] 正規分布の詳細は6章§4を参照してください。

❖尤度の算出

得られたデータ D (すなわち 351ml) は式 (1) に従うので、尤度 $f(D|\mu)$ はこの (1) を用いて次のように表せます。

$$ 尤度 \quad f(D|\mu) = f(351) = \frac{1}{\sqrt{2\pi}} e^{-\frac{(351-\mu)^2}{2}} \quad (2) $$

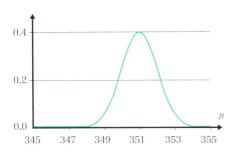

尤度 (2) のグラフ
確率密度関数 $f(x)$ にデータの値 351 を代入した式になる。

❖事前分布の設定

題意に示された「経験」から、母数 μ の事前分布 $\pi(\mu)$ は「期待値 350、分散 2^2 の正規分布」となります。

$$ 事前分布 \quad \pi(\mu) = \frac{1}{\sqrt{2\pi} \times 2} e^{-\frac{(\mu-350)^2}{2 \times 2^2}} \quad (3) $$

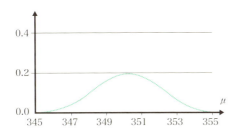

事前分布 (3) のグラフ。
題意に与えられたものを利用。

❖事後分布の算出

事後分布 $\pi(\mu|D)$ は「ベイズ統計学の基本公式」(→§4.1 の (5)) に よ

記の尤度 (2)、事前分布 (3) を代入して得られます。

$$\text{事後分布} \quad \pi(\mu \mid D) = \frac{1}{\sqrt{2\pi}} e^{-\frac{(351-\mu)^2}{2}} \frac{1}{\sqrt{2\pi} \times 2} e^{-\frac{(\mu-350)^2}{2\times 4}} \bigg/ P(D) \quad (4)$$

ここで、$P(D)$ は次式で与えられます。

$$P(D) = \int_{-\infty}^{\infty} \frac{1}{\sqrt{2\pi}} e^{-\frac{(351-\mu)^2}{2}} \frac{1}{\sqrt{2\pi} \times 2} e^{-\frac{(\mu-350)^2}{2\times 4}} d\mu \quad (5)$$

この (5) の積分は面倒なので、節末 MEMO に示す公式に任せることにして、式 (4) は次のように変形されます。

$$\text{事後分布} \quad \pi(\mu \mid D) = \frac{1}{\sqrt{2\pi} \times \frac{2}{\sqrt{5}}} e^{-\frac{1}{2\times \frac{4}{5}}(\mu-350.8)^2} \quad (6)$$

以上から、缶ビールの内容量の母平均 μ は期待値350.8、分散が $(2/\sqrt{5})^2$ ($\fallingdotseq 0.89^2$) の正規分布に従っていることが分かります。 **答**

(6) の事後分布のグラフを事前分布 (3) と重ねて描いてみましょう。

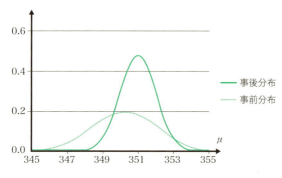

事後分布 (6) を事前分布 (3) と重ねて描いたグラフ。横軸の変数は内容量 X の母平均 μ であることに注意。

データ ($x=351$) を得ることで、事後分布の山は事前分布の山より鋭くなっています。

❖従来の統計学との比較

頻度論と呼ばれる従来の統計学では、1つのデータから母平均に関するデータ分析をすることなど考えられません。そもそも1つのデータでは標

本の不偏分散が定義できず、通常の推定や検定の計算ができないのです。しかし、ここで調べたように、ベイズ統計学ではたった1個のデータからでもしっかりとデータ分析ができます。

また、何度か言及していますが、経験を取り込むことも容易です。この例では工場管理者の経験を事前分布として取り込めました。ベイズ統計学が従来の頻度論の統計学よりも柔軟で拡張性が高いと言われる理由が理解できる事例です。

❖母平均μが確率変数になるという意味

母平均μが確率変数になるという意味は、初めてベイズ統計学に触れるとき、理解に戸惑います。その意味を前節（§4.1）の一般論の具体例として確認してみましょう。

次の図は母平均μの値μ_1、μ_2、μ_3について、例題における事前分布、尤度、データの関係を示しています。

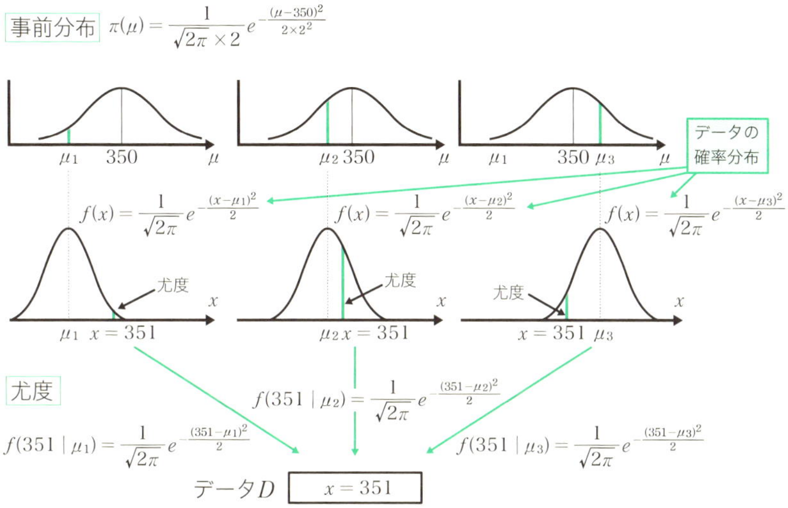

事前分布 $\pi(\mu)=\frac{1}{\sqrt{2\pi}\times 2}e^{-\frac{(\mu-350)^2}{2\times 2^2}}$
μ_1 350 μ
μ_2 350 μ
μ_1 350 μ_3 μ
データの確率分布
$f(x)=\frac{1}{\sqrt{2\pi}}e^{-\frac{(x-\mu_1)^2}{2}}$
$f(x)=\frac{1}{\sqrt{2\pi}}e^{-\frac{(x-\mu_2)^2}{2}}$
$f(x)=\frac{1}{\sqrt{2\pi}}e^{-\frac{(x-\mu_3)^2}{2}}$
尤度
x
μ_1 $x=351$
μ_2 $x=351$
$x=351$ μ_3
尤度
$f(351\mid\mu_1)=\frac{1}{\sqrt{2\pi}}e^{-\frac{(351-\mu_1)^2}{2}}$
$f(351\mid\mu_2)=\frac{1}{\sqrt{2\pi}}e^{-\frac{(351-\mu_2)^2}{2}}$
$f(351\mid\mu_3)=\frac{1}{\sqrt{2\pi}}e^{-\frac{(351-\mu_3)^2}{2}}$
データD $x=351$

事前分布、尤度、データの関係。データ（$x=351$）の位置は固定されている。

事前分布$\pi(\mu)$は「データ351mlを得る前の母平均μの確率密度関数」です。データDはこれら色々なμの値を原因として尤度$f(351\mid\mu)$の確率（密

度)で生起します。その中で、ある値μが関与した「原因の確率」$\pi(\mu|D)$が事後分布(6)で表されるのです。

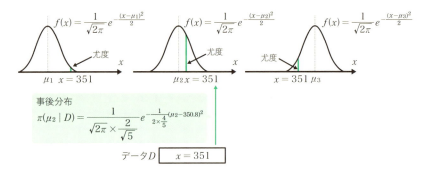

事後分布の意味。図はデータ($x=351$)が得られたとき、その原因が$\mu=\mu_2$である場合を示している。

事前分布、事後分布は缶ビールの内容量が従う確率分布$f(x)$と異なり、直接的には観測できない抽象的な確率(密度)です。この抽象性こそがベイズ統計学を難しいと感じさせる大きな理由になっています。

問題にチャレンジ

> **例題**で事前分布として無情報事前分布である一様分布を仮定したなら、事後分布はどんな確率分布になるでしょうか。

解 **例題**の(3)式で、事前分布$\pi(\mu)$を次の一様分布にセットします。

$$\pi(\mu)=1$$

すると**例題**の式(4)(5)は次のように変更されます。

式(5):$P(D)=\displaystyle\int_{-\infty}^{\infty}\frac{1}{\sqrt{2\pi}}e^{-\frac{(351-\mu)^2}{2}}\cdot 1 d\mu=1$ (→章末〔参考〕)

式(4):事後分布

$$\pi(\mu|D)=\frac{1}{\sqrt{2\pi}}e^{-\frac{(351-\mu)^2}{2}}\cdot 1 \bigg/ P(D)=\frac{1}{\sqrt{2\pi}}e^{-\frac{(351-\mu)^2}{2}} \quad \text{答}$$

> **MEMO** 周辺尤度 $P(D)$ の計算法

式 (6) を得るのに、次の公式を利用しました(→証明は付録D)。

> **公式** ベイズ統計学と正規分布の公式
>
> 正規分布 $N(\mu, \sigma^2)$ に従うデータ x が得られたとき、μ の事前分布が正規分布 $N(\mu_0, \sigma_0^2)$ のとき、μ の事後分布は正規分布 $N(\mu_1, \sigma_1^2)$ になる。ここで、
>
> $$\mu_1 = \frac{\sigma_0^2 x + \sigma^2 \mu_0}{\sigma_0^2 + \sigma^2}、\quad \sigma_1^2 = \frac{\sigma_0^2 \sigma^2}{\sigma_0^2 + \sigma^2}$$

式 (6) は、また、次のようにも求められます。式 (4) で $P(D)$ が μ に関して定数であることを利用して、次のように変形されます。

$$\pi(\mu \mid D) \propto e^{-\frac{(351-\mu)^2}{2}} e^{-\frac{(\mu-500)^2}{2\times 4}} \propto e^{-\frac{1}{2}\left\{\frac{5}{4}(\mu-350.8)^2\right\}}$$

これは μ についての正規分布の形をしているので、

$$\pi(\mu \mid D) = \frac{1}{\sqrt{2\pi} \cdot 2/\sqrt{5}} e^{-\frac{1}{2\times\frac{4}{5}}(\mu-350.8)^2} \quad (6)(再掲)$$

これからわかるように、有名な確率分布に対しては、§4.1で調べた公式

$$\pi(\theta \mid D) = k f(D \mid \theta) \pi(\theta) \quad (\S 4.1 \text{の}(6)\text{式})$$

を利用して事後分布が簡単に算出できます。有名な確率分布に対しては、周辺尤度 $P(D)$ の積分は不要になるのです。

参考 正規分布の形の積分公式

ベイズ統計学の基本公式(本章§4.1の式(5))で現れる次の周辺尤度の積分がベイズ統計学を煩雑にする理由の一つです。

$$P(D) = \int_\theta f(D \mid \theta)\pi(\theta)d\theta$$

特に統計学では正規分布が多用されるので、それに関する積分がよく現れます。例えば§4.4の式(5)としてその形が現れています。

$$P(D) = \int_{-\infty}^{\infty} \frac{1}{\sqrt{2\pi}} e^{-\frac{(351-\mu)^2}{2}} \frac{1}{\sqrt{2\pi}\times 2} e^{-\frac{(\mu-350)^2}{2\times 4}} d\mu \quad (*)$$

この式の形を見ると「気がめいる」と思われる人も多いでしょうが、内実は簡単です。次の公式だけを覚えておけば対応が出来るからです。

公式

$$\int_{-\infty}^{\infty} \frac{1}{\sqrt{2\pi}\,\sigma} e^{-\frac{(x-\mu)^2}{2\sigma^2}} dx = 1、\text{すなわち} \int_{-\infty}^{\infty} e^{-\frac{(x-\mu)^2}{2\sigma^2}} dx = \sqrt{2\pi}\,\sigma$$

これは正規分布について「全確率が1」という性質から生まれる当然の式ですので覚えやすいでしょう。

実際、上記(*)は次のように計算できます。

$$P(D) = \frac{1}{\sqrt{2\pi}} \frac{1}{\sqrt{2\pi}\times 2} e^{-\frac{1}{10}} \int_{-\infty}^{\infty} e^{-\frac{1}{2\times\frac{4}{5}}(\mu-350.8)^2} \quad (**)$$

$$= \frac{1}{\sqrt{2\pi}} \frac{1}{\sqrt{2\pi}\times 2} e^{-\frac{1}{10}} \sqrt{2\pi} \sqrt{\frac{4}{5}} = \frac{1}{\sqrt{10\pi}} e^{-\frac{1}{10}}$$

「積分する」という過程が省かれたことにお気づきでしょう。

ところで、(**)の計算も煩雑です。しかし、大丈夫。本文でも調べたように、有名な確率分布では、公式を用いることで、このような計算からも解放されます(→6章)。

第5章

ベイズ統計学の応用

本章では、ベイズ統計学の有名な応用を調べます。例題を通して、ベイズ統計学の基本公式の使い方に親しみましょう。

5.1 ベルヌーイ分布とベイズ統計学

　確率変数が0と1の2値だけをとる確率分布をベルヌーイ分布といいます。「Yes」「No」で区別できる確率現象を表現できます。このベルヌーイ分布はベイズの理論と相性が良いことを確かめてみましょう。

❖ベルヌーイ分布

　ベルヌーイ試行とは1回の試行で条件に適合するか否かの2種の事象しか現れない確率現象を表現します。条件に適合するときを1、そうでないときを0で表現するとき、その1と0の確率分布を**ベルヌーイ分布**といいます[*1]。

　0と1だけで表現される確率変数というと単純に聞こえますが、多くの確率現象の説明に有効です。「コインの表に1、裏に0」、「正しければ1、誤りなら0」、「薬が効けば1、効かなければ0」など、いくらでも例示できます。

　ベルヌーイ分布に従う確率分布 X は次のような単純な表で表現できます。

X	0	1
確率	$1-\theta$	θ

　ベルヌーイ分布がベイズ統計学と相性が良い理由はベイズ更新（→2章§2.4）が簡単だからです。ステップを追いながら、以下の 例題 を調べていくことにします。

　例題　新薬の効果を調べるために、3人の治験者A、B、Cを無作為に抽出した。すると、A、Bの2人には効き、Cには効かなかった。この新薬が効く確率 θ の確率分布を求めよ[*2]。

❖統計モデルの設定

　この例題の確率モデルを規定する母数は「効く確率」θ $(0 \leqq \theta \leqq 1)$ です。効果の有無を表現する確率変数を X とし、「効く」（有効）を1、

効く：θ
効かない：$1-\theta$

[*1] 4章§3で既にこの例を見ています。なお、6章§2も参照してください。
[*2] この 例題 は4章§3で調べた例題のデータ数を増やした問題と等価です。

「効かない」(無効) を0とすると、その確率変数Xの確率分布は次の表のように表せます。

X	0（無効）	1（有効）
確率	$1-\theta$	θ

このXの確率分布は関数$f(x)$を用いて次のようにも表現できます。

$$\left. \begin{array}{l} f(1)=f(有効)=\theta \\ f(0)=f(無効)=1-\theta \end{array} \right\}{}^{*3} \quad (1)$$

❖尤度を調べてみよう

「効く確率」θを母数とするとき、1個のデータに対する尤度$f(D\mid\theta)$は(1) を利用して、次のように表現されます。

$$\left. \begin{array}{l} f(有効\mid\theta)=f(1\mid\theta)=f(1)=\theta \\ f(無効\mid\theta)=f(0\mid\theta)=f(0)=1-\theta \end{array} \right\} \quad (2)$$

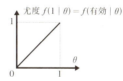

尤度のグラフ。横軸がθであることに注意。

❖「Aには有効」にベイズ統計学の基本公式を適用

「Aには有効」というデータを取り込んだ事後分布$\pi_1(\theta\mid 有効)$を求めましょう（添え字の1は「1回目」を表します）。

まず事前分布を考えます。治験結果が得られるまでは、θについての情報はありません。したがって、理由不十分の原則（→2章§2.4）から、事前分布$\pi_1(\theta)$は一様分布に設定します。

$$事前分布 \quad \pi_1(\theta)=1 \quad (0\leqq\theta\leqq 1) \quad (3)$$

[*3] 以下、わかりやすいようにデータD(すなわち、1と0) に「有効」「無効」という漢字を用います。

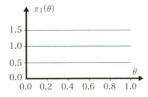

事前分布(3)のグラフ。無情報事前分布を表す一様分布である。

「Aに有効」というデータに対する尤度は式(2)の$f(有効|\theta)$を利用します。

$$尤度：f(有効|\theta)=f(1|\theta)=f(1)=\theta \tag{4}$$

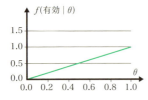

データ「有効」に対する尤度(4)のグラフ。

ベイズ統計学の基本公式(→4章§4.1)に、この尤度(4)と事前分布(3)を代入し、事後分布$\pi_1(\theta|有効)$を算出しましょう。

$$\pi_1(\theta|有効)=\frac{f(有効|\theta)\pi_1(\theta)}{P_1(有効)}=\frac{\theta\cdot 1}{P_1(有効)}=\frac{\theta}{P_1(有効)} \tag{5}$$

ここで、$P_1(有効)$は「Aに有効」というデータの得られる確率で、ベイズ統計学の基本公式から次のように得られます。

$$P_1(有効)=\int_0^1 f(有効|\theta)\pi_1(\theta)d\theta=\int_0^1 \theta\cdot 1 d\theta=\left[\frac{\theta^2}{2}\right]_0^1=\frac{1}{2} \tag{6}$$

こうして、(5)(6)から事後分布$\pi_1(\theta|有効)$が得られます。

$$\pi_1(\theta|有効)=2\theta \tag{7}$$

治験前までの情報を表す事前分布は、何もわからないので、一様な分布(3)でした。しかし、「1人目Aに有効」というデータを取り込むことで、分布(7)に更新されたのです！ この様子をグラフに示してみましょう。

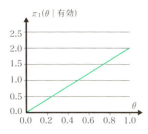

「1人目が有効」というデータを取り込んだ事後分布 $\pi_1(\theta \mid D_1)$。「1人目は効いた」というデータを取り込むことで、一様分布（2）はこのように有効が出やすい分布に更新される。*4

❖「Bにも有効」にベイズ統計学の基本公式を適用

題意の「治験者Bにも薬が効いた」というデータを取り込んだ事後分布 $\pi_2(\theta \mid 有効)$ を求めましょう。

まず事前分布を調べます。1回目の結果を踏まえるので、「ベイズ更新」（→2章§2.4）から、事前分布 $\pi_2(\theta)$ は（7）を採用します。

$$事前分布 \quad \pi_2(\theta) = \pi_1(\theta \mid 有効) = 2\theta$$

また2人目Bのデータ処理のための尤度は、1人目Aと同様、式（4）を利用します。

以上から、ベイズ統計学の基本公式に、尤度として（4）を、事前分布 $\pi_2(\theta)$ として（7）を代入して、2人目のデータを取り込んだ事後分布 $\pi_2(\theta \mid 有効)$ が得られます。

$$\pi_2(\theta \mid 有効) = \frac{f(有効 \mid \theta)\pi_2(\theta)}{P_2(有効)} = \frac{\theta \cdot 2\theta}{P_2(有効)} = \frac{2\theta^2}{P_2(有効)} \quad (8)$$

ここで、$P_2(有効)$ は「2人目Bに有効」というデータの得られる確率で、「ベイズ統計学の基本公式」から次のように求められます。

---

*4 ここまでの議論は4章§4.3の 例題 と数学的に全く同一です。

$$P_2(有効) = \int_0^1 f(有効 \mid \theta)\pi_2(\theta)d\theta = \int_0^1 2\theta^2 d\theta = \left[\frac{2\theta^3}{3}\right]_0^1 = \frac{2}{3} \quad (9)$$

以上の（8）（9）から、事後分布 $\pi_2(\theta \mid 有効)$ が得られます。

$$\pi_2(\theta \mid 有効) = 3\theta^2 \quad (10)$$

A、B、2人続けて有効であるというデータを得て、それを取り込んだ事後分布はますます右側（$\theta = 1$ の側）に確率の重みを寄せてきました。この様子をグラフに示してみましょう。

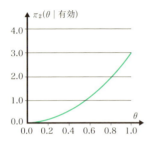

2人目Bのデータを得た後の事後分布 $\pi_2(\theta \mid 有効)$。「2人目が効いた」というデータを取り込むことで、1回目よりも更に「効く」側に確率分布が移動しています。

❖「3人目Cには無効」にベイズ統計学の基本公式を適用

3人目Cのデータを取り込んだ事後分布を求めてみましょう。

事前分布 $\pi_3(\theta)$ は、再び「ベイズ更新」のアイデアから、2回目の事後分布（10）を採用します。

$$\pi_3(\theta) = \pi_2(\theta \mid 有効) = 3\theta^2 \quad (11)$$

データが「無効」なので、尤度はこれまでとは異なり式（2）の $f(無効 \mid \theta)$ を利用します。

$$尤度：f(無効 \mid \theta) = 1 - \theta \quad (12)$$

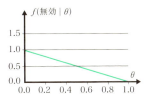
データ「無効」に対する尤度 (12) のグラフ。

以上から、ベイズ統計学の基本公式に、事前分布 $\pi_3(\theta)$ として (11) を、尤度として (12) を代入して、3人目Cのデータを取り込んだ事後分布 $\pi_3(\theta\,|\,無効)$ が得られます。

実際に計算してみましょう。

$$\pi_3(\theta\,|\,無効) = \frac{f(無効\,|\,\theta)\pi_3(\theta)}{P_3(無効)} = \frac{(1-\theta)\cdot 3\theta^2}{P_3(無効)} \tag{13}$$

ここで、$P_3(D)$ は「3人目に無効」というデータの得られる確率で、ベイズ統計学の基本公式から次のように得られます。

$$\begin{aligned}P_3(無効) &= \int_0^1 f(無効\,|\,\theta)\pi_3(\theta)d\theta = \int_0^1 (1-\theta)\cdot 3\theta^2 d\theta \\ &= 3\left[\frac{\theta^3}{3} - \frac{\theta^4}{4}\right]_0^1 = 3\left(\frac{1}{3} - \frac{1}{4}\right) = \frac{1}{4}\end{aligned} \tag{14}$$

(13)(14) から次のように事後分布 $\pi_3(\theta\,|\,無効)$ が得られます。

$$\pi_3(\theta\,|\,無効) = 12\theta^2(1-\theta) \tag{15}$$

3人目は「無効」というデータを得たので、「効く」確率を表す θ はその重みを 0 に近い方 (「効かない」方向) に移動させることになります。この様子をグラフで見てみましょう。

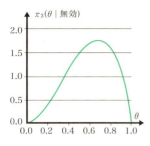

事後分布(15)のグラフ。「効かない」というデータを取り込むことで、2回目(10)よりも無効の方(θが0の方)にグラフが移動。

この (15) の事後分布 $\pi_3(\theta|無効)$ の式がこの 例題 の答となります。 答

❖ 逐次合理性

これまでの計算結果を一連のグラフにまとめてみましょう。

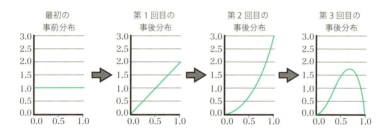

このように、一つ一つのデータを入手するたびに、その情報を事後分布に取り込めるのがベイズ統計学の優れた点です。大切なことは、知識が無い状態から、新たな情報が入手されるたびに、事後分布にその情報が蓄積されていくことです。知識が増えるにしたがって、次第に本質が見えてくるというプロセスは、様々な応用分野に発展していきます。

別な言い方をすれば、最新の情報だけを更新すれば、過去のデータに遡って処理し直す必要はないわけです。このような性質をベイズ統計学では**逐次合理性**といいます。2章§2.4でも調べた内容ですが、この便利な性質がベイズ統計学を現代の統計学のスターに押し上げているのです。

この逐次合理性から、「データが互いに独立ならば、データの取得順序に依らない」という性質が得られます。この 例題 で、例えば「効く」「効く」「効かない」という順序を「効かない」「効く」「効く」の順序にしても、得られる事後確率は同一になります (→2章§2.4参照)。

❖事後分布から何が分かる？

度々言及しているように、確率分布が得られたなら、それに従う確率変数に関する統計情報をすべて算出できます。ベイズ統計学はその確率分布を事後分布で表現することに特徴があります。

もう一度、事後分布 $\pi_3(\theta \mid 無効)$ (15) のグラフを見てみましょう。そのグラフから分かるように、θ が $2/3$ のとき、事後分布は最大になります。これから「薬が効く確率」の推定値として次の値が考えられます。

$$効く確率\theta の推定値（MAP推定値） = \frac{2}{3} \qquad (16)$$

このように、事後分布の最大確率を与える値をその母数 θ の値とする考え方が **MAP推定法** です（→4章§4.2）。資料のモード（最頻値）をその資料の代表値とする考え方と一致します。

> **MEMO　(16)の導出**
>
> 事後分布 $\pi_3(\theta \mid 無効)$ の式 (15) を微分すると次の式が得られます。
>
> $$\{\pi_3(\theta \mid 無効)\}' = 12(\theta^2 - \theta^3)' = 12(2\theta - 3\theta^2) = -36\theta\left(\theta - \frac{2}{3}\right)$$
>
> これから (16) 式が得られます。また、式 (15) はベータ分布 $Be(3, 2)$ なので、そのモードの公式からも簡単に得られます（→6章§6.2）。

ところで、題意の「3人中2人に効いた」ことから直感的に「この新薬が効く割合は2/3」と推定できます。これは (16) の値と一致します。事前分布に一様分布を設定すると、ベイズの理論から得られる結論は我々の直感に一致するのが普通です。

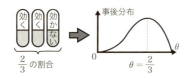

事前分布に一様分布を用いたMAP推定値は直感と一致

ところで、「θ の期待値が θ の代表値である」という考え方もあります。資料の平均値をその資料の代表値とする考え方と同じです。実際に計算してみましょう。

「事後分布から得られる θ の期待値」
$$= \int_0^1 \theta \pi_3(\theta \mid D) d\theta = \int_0^1 12\theta^3(1-\theta) d\theta$$
$$= 12\left[\frac{\theta^4}{4} - \frac{\theta^5}{5}\right]_0^1 = 12\left(\frac{1}{4} - \frac{1}{5}\right) = \frac{3}{5}$$

これは分布の重心の位置を示しています。

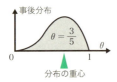

式(15)はベータ分布 $Be(3, 2)$ なので、その期待値の公式からも、この値は簡単に得られる（→6章6.2）。

問 **例題** の **解** ではA、B、Cの順でデータを処理したが、C、A、Bの順で処理し、結果が同じになることを確かめよう。

解 最初の事前分布（3）は不変です。第1回目のデータのCを処理した後の事後分布 $\pi_1(\theta \mid 無効)$ は、尤度として（12）を利用するので、

$$\pi_1(\theta \mid 無効) = \frac{(1-\theta) \cdot 1}{P_1(無効 D)}$$

$$P_1(無効) = \int_0^1 (1-\theta) \cdot 1 d\theta = \frac{1}{2}$$

以上から、

$$\pi_1(\theta \mid 無効) = 2(1-\theta) \tag{17}$$

次にAを処理した後の事後分布$\pi_2(\theta|有効)$は、事前分布として（17）を、尤度として（4）を利用して、

$$\pi_2(\theta|有効) = \frac{\theta \cdot 2(1-\theta)}{P_2(有効)} = \frac{2(\theta-\theta^2)}{P_2(有効)}$$

$$P_2(有効) = \int_0^1 2(\theta-\theta^2)d\theta = 2\left[\frac{1}{2}\theta^2 - \frac{1}{3}\theta^3\right]_0^1 = \frac{1}{3}$$

以上から、

$$\pi_2(\theta|有効) = 6(\theta-\theta^2) \tag{18}$$

最後にBを処理した後の事後分布$\pi_3(\theta|有効)$は、事前分布として（18）を、尤度として（4）を利用して，

$$\pi_3(\theta|有効) = \frac{\theta \cdot 6(\theta-\theta^2)}{P_3(有効)} = \frac{6(\theta^2-\theta^3)}{P_3(有効)}$$

$$P_3(有効) = \int_0^1 6(\theta^2-\theta^3)d\theta = 6\left[\frac{1}{3}\theta^3 - \frac{1}{4}\theta^4\right]_0^1 = \frac{1}{2}$$

以上から、CABの順で処理したときの事後分布が次のように得られます。

$$\pi_3(\theta|有効) = 12(\theta^2-\theta^3) = 12\theta^2(1-\theta)$$

これはABCの順で処理したときの事後分布（15）と一致しています。　**答**

参考　データをまとめて扱うとき

3人のデータをまとめた次の尤度$f(有効,有効,無効|\theta)$を利用しても同一の答が得られます。

$$f(有効,有効,無効|\theta) = \theta^2(1-\theta)$$

これと事前分布（3）を用い、「ベイズ統計学の基本公式」に代入すれば、事後分布の式（15）が得られます。

5.2 二項分布とベイズ統計学

二項分布に従うデータに対して、ベイズ統計学の応用法を調べましょう。二項分布は大切な分布ですが、ベイズ統計学とは相性がよい確率分布です。

❖二項分布

二項分布はベルヌーイ試行（→前節§5.1）を繰り返し行うことで得られる分布です。この繰り返しの試行を**反復試行**と呼びます。1章§1.3で調べましたが、軽く復習しましょう。

ベルヌーイ試行で事象 E が得られる確率を θ とします。この試行を n 回か繰り返したとき、その事象 E が k 回だけ出るとしましょう。このことの起こる確率 $f(k)$ は次のように求められます。

$$f(k) = {}_n C_k \theta^k (1-\theta)^{n-k}$$

これを**反復試行の確率の定理**と呼びます。ここで、${}_n C_k$ は**二項係数**と呼ばれる数で、次のように定義されます。

$$ {}_n C_k = \frac{n!}{k!(n-k)!}$$

さて、回数 k を確率変数と考えることができます。この確率変数 k が従う確率分布を**二項分布**といい、記号 $B(n, \theta)$ で表現します。この分布は次のように表で表現するとわかりやすいでしょう。

k	0	1	2	⋯	n
確率	${}_n C_0 (1-\theta)^n$	${}_n C_1 \theta (1-\theta)^{n-1}$	${}_n C_2 \theta^2 (1-\theta)^{n-2}$	⋯	${}_n C_n \theta^n$

二項分布とベイズ統計学の関係を理解するには次の例題が最適でしょう。

例題 1つのサイコロを5回投げたとき、1の目が3回出た。このサイコロについて、1の目の出る確率 θ の事後分布を求めよ。

❖事前分布と尤度を調べてみよう

サイコロを5回投げたとき、データ D は「1の目が3回出た」ことなの

で、この確率現象に対する尤度 $f(D\mid\theta)$ は「反復試行の確率の定理」から次のように求められます。

$$f(D\mid\theta) = {}_5C_3\theta^3(1-\theta)^2 \quad (1)$$

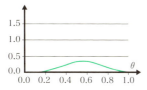

尤度 (1) のグラフ。横軸は θ。

データが得られる前までは、θ についての情報はありません。したがって、理由不十分の原則（→2章§2.4）から、この事前分布 $\pi(\theta)$ は一様分布に設定します。

$$\text{事前分布}\quad \pi(\theta)=1 \quad (0\leq\theta\leq 1) \quad (2)$$

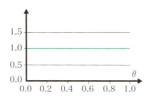

事前分布 (2) のグラフ

❖ベイズ統計学の基本公式を適用

ベイズ統計学の基本公式（→4章§4.1）に、この尤度 (1) と事前分布 (2) を代入し、事後分布 $\pi(\theta\mid D)$ を算出しましょう。

$$\pi(\theta\mid D) = \frac{f(D\mid\theta)\pi(\theta)}{P(D)} = \frac{1}{P(D)}{}_5C_3\theta^3(1-\theta)^2\cdot 1 \quad (3)$$

ここで、$P(D)$ は「5回中3回1の目が出た」というデータ D の得られる確率で、「ベイズ統計学の基本公式」から次のように得られます。

$$P(D) = \int_0^1 f(D\mid\theta)\pi(\theta)d\theta = \int_0^1 {}_5C_3\theta^3(1-\theta)^2\cdot 1\,d\theta$$
$$= {}_5C_3\int_0^1\theta^3(1-\theta)^2 d\theta = 10\cdot\frac{1}{60} = \frac{1}{6} \quad (4)^{*5}$$

＊5 積分を公式で行う方法は MEMO 欄に示しました。

こうして、(3) (4) から次のように事後分布 $\pi(\theta\mid D)$ が得られます。
$$\pi(\theta\mid D)=60\theta^3(1-\theta)^2 \tag{5}$$
これが 例題 の解答です。 答

事後分布のグラフを描いてみましょう。

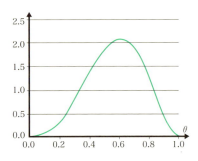

「1の目の出る確率」θ の事後分布 $\pi(\theta\mid D)$ のグラフ。「5回投げたとき1の目が3回出た」という情報から得られる母数 θ の確率分布である。

理想的なサイコロ、すなわちどの目も同様に確からしく1/6の確率で起こるサイコロならば、5回中1の目の出る期待回数は $5\times 1/6\fallingdotseq 0.83$ 回です。この 例題 では5回中3回も1の目が出たので、かなりゆがんだサイコロであることが想像されます。そのゆがみ具合を素直に表現しているのがこの事後分布 $\pi(\theta\mid D)$ なのです。

❖期待値、分散、最大値を求めてみよう

事後分布 (5) はベータ分布と呼ばれる分布です。この分布については統計量を求める公式があります（右の MEMO 参照）。それを利用すると、この事後分布の期待値 μ、分散 σ^2、モード M は次のように得られます。

$$\mu=\frac{4}{4+3}=\frac{4}{7},\ \sigma^2=\frac{4\times 3}{(4+3)^2(4+3+1)}=\frac{3}{98}\quad(\fallingdotseq 0.17^2)$$
$$M=\frac{4-1}{4+3-2}=\frac{3}{5}$$

問題にチャレンジ

> 1個のサイコロを10回投げたとき、1が5回出た。このサイコロの1の目の出る確率 θ の事後分布を求めよ。

解 何も条件が与えられていないので、事前分布$\pi(\theta)$として一様分布（2）を採用します。尤度$f(D\mid\theta)$は反復試行の確率の定理から

$$f(D\mid\theta) = {}_{10}C_5\theta^5(1-\theta)^5$$

よって、ベイズ統計学の基本公式から、事後分布$\pi(\theta\mid D)$は次のように表されます。

$$\pi(\theta\mid D) = \frac{f(D\mid\theta)\pi(\theta)}{P(D)} = \frac{{}_{10}C_5\theta^5(1-\theta)^5\cdot 1}{P(D)}$$

$P(D)$は定数であり、この式はベータ分布$Be(6, 6)$の形をしているので、下記 MEMO の公式から、

$$\pi(\theta\mid D) = \frac{(6+6-1)!}{(6-1)!(6-1)!}\theta^5(1-\theta)^5 = 2772\theta^5(1-\theta)^5 \quad \text{答}^{*6}$$

> **MEMO　ベータ分布の公式**
>
> ベータ分布$Be(p, q)$とは次のような確率密度関数を持つ分布をいいます。
>
> $$f(p, q, x) = \frac{(p+q-1)!}{(p-1)!(q-1)!}x^{p-1}(1-x)^{q-1} \quad (0\leq x\leq 1)$$
>
> （5）は$p=4$、$q=3$のベータ分布です。ベータ分布については次の公式が知られています（→6章§6.2）。
>
> 期待値$\mu = \dfrac{p}{p+q}$、分散$\sigma^2 = \dfrac{pq}{(p+q)^2(p+q+1)}$、モード$M = \dfrac{p-1}{p+q-2}$
>
> $x^m(1-x)^n$という形が現れたなら、ベータ分布にアレンジして計算を進めると良いでしょう。このように便利な公式が利用できます。

---

*6　6章§6.2では、以上の 例題 や 問題 の解を公式で求める方法を調べます。

5.3 正規母集団の母平均とベイズ統計学

本節では、母集団分布が正規分布の場合（すなわち正規母集団）から得られた標本平均の取り扱い方を調べます。ベイズ更新を繰り返し利用すれば、4章§4.4で調べた単一データの場合の処理を利用して、いくらでも大きな標本に対応ができます。しかし、正規分布は統計学において別格です。公式を示し、それを使って計算を進めましょう[*7]。

❖ 正規母集団の標本平均と母集団の事後分布の公式

正規分布に従うデータに対して、事前分布を正規分布と仮定すると、次の公式が成立します。

> **公式　正規母集団における事後分布の公式（母分散既知）**
>
> 母平均μ、母分散σ^2（既知）の正規母集団から大きさnの標本を抽出し、標本平均$\overline{x}$を得たとする。μの事前分布が期待値μ_0、分散σ_0^2の正規分布$N(\mu_0, \sigma_0^2)$のとき、μの事後分布は正規分布になり、その期待値μ_1、分散σ_1^2は次の式で与えられる。
>
> $$\mu_1 = \frac{n\sigma_0^2 \overline{x} + \sigma^2 \mu_0}{n\sigma_0^2 + \sigma^2}, \quad \sigma_1^2 = \frac{\sigma_0^2 \sigma^2}{n\sigma_0^2 + \sigma^2} \quad \text{[*8]} \quad (1)$$

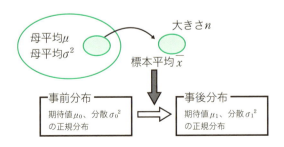

[*7] 本節では母分散は既知とします。未知の時には6章§6.5を参照してください。
[*8] 公式の解説は6章§6.4、及び付録Dにも示しました。なお、$n=1$とすれば、4章§4.4の節末 MEMO に示した公式が得られます。

5.3 正規母集団の母平均とベイズ統計学

この公式の意味を式で確認しましょう。まず、母集団分布 $f(x)$、事前分布 $\pi(\mu)$ が次の式で与えられているとします。

$$f(x) = \frac{1}{\sqrt{2\pi}\,\sigma}e^{-\frac{(x-\mu)^2}{2\sigma^2}}、\ \pi(\mu) = \frac{1}{\sqrt{2\pi}\,\sigma_0}e^{-\frac{(\mu-\mu_0)^2}{2\sigma_0^2}} \quad (2)$$

すると、母平均 μ の事後分布 $\pi(\mu \mid D)$ は次の式になる、というのがこの公式の意味です（μ_1, σ_1^2 は公式 (1) で定義されています）。

$$\pi(\mu \mid D) = \frac{1}{\sqrt{2\pi}\,\sigma_1}e^{-\frac{(\mu-\mu_1)^2}{2\sigma_1^2}}$$

公式 (1) の関係を式で表現

❖例題で確かめよう

この公式 (1) を見れば分かるように、母平均 μ の事後分布は、標本の大きさ n と標本平均 $\overline{x}$、及び事前分布の期待値 μ_0、分散 σ_0^2 だけから決定されます。このことを次の **例題** で確かめてみましょう。

例題 ある国の成人男子の身長を調べるために、該当者100人を無作為に抽出したところ、その標本平均は170cmであった。この国の平均身長の事後分布を求めよ。ただし、この国の成人男子の身長は正規分布に従い、母分散は 5^2 であることが知られている。また、事前分布はこれまでの経験から期待値169cm、分散 2^2 の正規分布と仮定できるとする。

解 公式 (1) に次の値を代入します。

母分散 $\sigma^2 = 5^2$、大きさ $n = 100$、標本平均 $\overline{x} = 170$

事前分布の期待値 $\mu_0 = 169$、事前分布の分散 $\sigma_0^2 = 2^2$

すると、事後分布は次の期待値 μ_1、分散 σ_1^2 を持つ正規分布になります。

$$\mu_1 = \frac{100 \times 2^2 \times 170 + 5^2 \times 169}{100 \times 2^2 + 5^2} \fallingdotseq 169.9、$$

$$\sigma_1^2 = \frac{2^2 \times 5^2}{100 \times 2^2 + 5^2} \fallingdotseq 0.49^2 \quad \textbf{答}$$

問題にチャレンジ

> ある大手飲料メーカーの製造する内容量350mlと表示された缶ビールがある。製品の内容量Xの母平均μを調べるために、無作為に3個取り出したところ、351ml、349ml、353mlであった。このとき、この缶製品の内容量の母平均μの事後分布を求めよ。
> これまでの検査によって、製品の内容量の母分散は1^2であることがわかっている。また、経験的に母平均μの事前分布は期待値350ml、分散2^2の正規分布と考えられる。

解 公式に次の値を代入します。

母分散$\sigma^2 = 1^2$、大きさ$n = 3$、標本平均$\overline{x} = \dfrac{351 + 349 + 353}{3} = 351$

また、題意から、

事前分布の期待値$\mu_0 = 350$、事前分布の分散$\sigma_0^2 = 2^2$

すると、公式(1)から、事後分布は次の期待値μ_1、分散σ_1^2を持つ正規分布になります。

$$\mu_1 = \frac{3 \times 2^2 \times 351 + 1^2 \times 350}{3 \times 2^2 + 1^2} \fallingdotseq 350.9、\quad \sigma_1^2 = \frac{2^2 \times 1^2}{3 \times 2^2 + 1^2} \fallingdotseq 0.55^2 \quad \textbf{答}$$

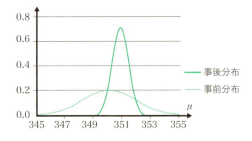

事前分布と事後分布。データを得ることで期待値μのピントがあってくる。

5.4 頻度論の推定とベイズ統計学

本節では、頻度論の区間推定の考え方とそれに対するベイズ統計学の考え方とを対比させてみましょう。頻度論とベイズ統計学の母数に対する考え方が際立つ所です。

❖ ベイズ統計学の推定は直観的

ベイズ統計学では、ベイズの定理から得られる事後分布を用いて、さまざまな統計量を算出します。この意味で、推定や検定は単純です。確率分布による統計量の算出と、その評価になるからです。ここでは、次の具体例で従来の統計的推定とベイズ統計学の推定（**ベイズ推定**）を比較し、その違いを調べてみましょう。

例題 菓子工場から生産される菓子の重さを調べるために、大きさ4の標本を次のように得た。

$$99.6、100.5、101.0、100.1$$

これまでの経験から、母分散は0.64^2とわかっているとする。母平均の信頼度95%の信頼区間を推定してみよう。菓子の重さは正規分布すると仮定できる。

最初に、標本平均$\bar{x}$を求めておきます。

$$\bar{x} = \frac{99.6+100.5+101.0+100.1}{4} = 100.3 \quad (1)$$

この値を利用して、頻度論とベイズ統計学の手法で、母平均を区間推定してみましょう。

❖ 頻度論的な区間推定

頻度論的な推定法を行ってみましょう。頻度論では次のように考えます。
「母平均μは不明だが、『ある確定した値』が存在する」

この確定した値を仮定して、次の定理をもとに、標本平均$\bar{x}$の確率的な位置を調べます。

> **定理** 正規母集団に関する中心極限定理
>
> 母平均 μ、母分散 σ^2 の正規母集団から大きさ n の標本を抽出したとき、その標本平均を $\overline{X}$ とする。このとき、$\overline{X}$ は期待値 μ、標準偏差 $\dfrac{\sigma}{\sqrt{n}}$ の正規分布に従う。

この定理を用いて、標本平均 $\overline{X}$ の従う確率分布のグラフを図示し、母平均 μ を中心に確率95%が収まる区間に網を掛けてみましょう。

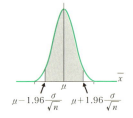

標本平均 $\overline{X}$ の従う確率分布のグラフ。横軸が標本平均 $\overline{X}$ の値 $\overline{x}$ であることに注意。網掛けの部分に確率の95%が入る。

この図から、次の不等式が95%の確率で成立します。

$$\mu - 1.96\frac{\sigma}{\sqrt{n}} \leq \overline{X} \leq \mu + 1.96\frac{\sigma}{\sqrt{n}}$$

これを式変形すれば、次の信頼区間の公式が得られます。

> **公式** 信頼区間の公式
>
> 母平均 μ、母分散 σ^2 の正規母集団から大きさ n の標本を抽出したとき、次の不等式が95%の確率で成立する。
>
> $$\overline{X} - 1.96\frac{\sigma}{\sqrt{n}} \leq \mu \leq \overline{X} + 1.96\frac{\sigma}{\sqrt{n}} \quad {}^{*9} \qquad (2)$$
>
> ここで、$\overline{X}$ は大きさ n の標本から得られた標本平均である。

注意すべきことは、この区間推定の公式 (2) の主語は「不等式」であり、「母平均」ではないことです。

[*9] この推定区間を「信頼度95%の信頼区間」といいます。

この公式を利用して、(1)から実際に母平均を区間推定してみましょう。題意から、$n=4$、$\overline{x}=100.3$、$\sigma^2=0.64^2$なので、これらを代入して、

$$100.3-1.96\times\frac{0.64}{\sqrt{4}}\leqq\mu\leqq 100.3+1.96\times\frac{0.64}{\sqrt{4}}$$

こうして、例題 に対して信頼度95%の信頼区間が得られます。

$$99.67\leqq\mu\leqq 100.93 \quad \text{答} \tag{3}$$

❖ベイズ論的な区間推定

今度はベイズ統計学で先の 例題 を考えてみましょう。データが正規分布に従うので、前節§5.3で調べた次の公式が利用できます。

> **公式 正規母集団における事後分布の公式(母分散既知)**
>
> 母平均μ、母分散σ^2(既知)の正規母集団から大きさnの標本を抽出し、標本平均$\overline{x}$を得たとする。μの事前分布が期待値μ_0、分散σ_0^2の正規分布$N(\mu_0, \sigma_0^2)$のとき、μの事後分布は正規分布になり、その期待値μ_1、分散σ_1^2は次の式で与えられる。
>
> $$\mu_1=\frac{n\sigma_0^2\overline{x}+\sigma^2\mu_0}{n\sigma_0^2+\sigma^2}、\quad \sigma_1^2=\frac{\sigma_0^2\sigma^2}{n\sigma_0^2+\sigma^2}$$

例題 において、事前分布として情報は何もありません。そこで、「理由不十分の原則」(→2章§2.4)から、一様分布を仮定します。一様分布は、分散が無限に大きいと考えられるので、σ_0^2を無限大とすると、$\frac{\mu_0}{\sigma_0^2}$、$\frac{1}{\sigma_0^2}$は0と考えられます。公式に、$n=4$、$\overline{x}=100.3$、$\sigma^2=0.64^2$を代入して、

$$\mu_1=\frac{n\sigma_0^2\overline{x}+\sigma^2\mu_0}{n\sigma_0^2+\sigma^2}=\frac{\frac{n\overline{x}}{\sigma^2}+\frac{\mu_0}{\sigma_0^2}}{\frac{n}{\sigma^2}+\frac{1}{\sigma_0^2}} \rightarrow \frac{\frac{4\times 100.3}{0.64^2}+0}{\frac{4}{0.64^2}+0}=100.3$$

$$\sigma_1{}^2 = \frac{\sigma_0{}^2 \sigma^2}{n\sigma_0{}^2 + \sigma^2} = \frac{1}{\dfrac{n}{\sigma^2} + \dfrac{1}{\sigma_0{}^2}} \quad \rightarrow \quad \frac{1}{\dfrac{4}{0.64^2} + 0} = \frac{0.64^2}{4} \tag{4}$$

よって、事後分布 $\pi(\mu \mid \overline{x})$ は次のように表せます。

$$\text{事後分布} \quad \pi(\mu \mid \overline{x}) = \frac{1}{\sqrt{2\pi} \times \dfrac{0.64}{\sqrt{4}}} e^{-\dfrac{(\mu - 100.3)^2}{2 \times \left(\dfrac{0.64}{\sqrt{4}}\right)^2}} \tag{5}$$

この事後分布のグラフを描いてみましょう。横軸が母平均 μ であることに注意してください。

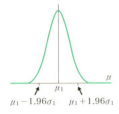

事後分布（5）式のグラフ。
グラフの形は先の頻度論における標本平均 $\overline{X}$ が従う確率分布のグラフと同一。ただし、横軸が標本平均の値 $\overline{x}$ ではなく、母平均 μ になっていることに留意しよう（(1)、(4) から、$\mu_1 = 100.3$、$\sigma_1 = 0.64/\sqrt{4}$）。

ベイズ統計学では、この（5）式から、さまざまな統計量が算出されます。例えば、頻度論で言う「95％の信頼区間」を導出したければ、上の図で μ_1（$=100.3$）を中心に95％を含む確率部分に入る母数 μ の範囲を提示すればよいでしょう。

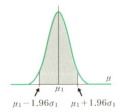

（5）式において、μ_1（$=100.3$）を中心に95％の確率の入る部分を網掛けで図示。事前分布を一様分布にとると、その部分は頻度論的な区間推定に用いられる部分と同じ（$\sigma_1 = 0.64/\sqrt{4}$）。

実際に式数値 $\mu_1 = 100.3$、$\sigma_1 = \dfrac{0.64}{\sqrt{4}}$ を代入してみましょう。

$$100.3 - 1.96 \times \frac{0.64}{\sqrt{4}} \leq \mu \leq 100.3 + 1.96 \times \frac{0.64}{\sqrt{4}}$$

こうして、母平均 μ が95％の確率で含まれる区間が得られます。

$$99.67 \leqq \mu \leqq 100.93 \quad \text{答} \tag{6}$$

これは頻度論の「95%の信頼区間」(3) と一致します[*10]。

❖ 頻度論とベイズ論的な区間推定のグラフ的な意味

　注意すべき点は、95%の確率で示された区間の主語は、頻度論では「信頼区間」であり、ベイズ統計学では「母平均」であるということです。

　頻度論では、信頼度95%の信頼区間 (3) は、無数の標本から算出されたとき、95%の確率でこの不等式が成立することを主張しています。推定区間の真中にあるからといって、その $\mu_1 = 100.3$ が真の母数 μ に近いとは言えません。

　それに対してベイズ統計学の結論 (6) は単純です。母平均 μ は95%の確率で (5) の不等式の中に存在するのです。そして、真の母数 μ は $\mu_1 = 100.3$ に近いほど高い確率で存在するのです。

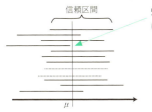

5%の確率で、信頼区間は母平均を外す。

頻度論の 答 (3) の意味。
信頼度95%ということは、無数の標本から算出される信頼区間 (2) の中で、95%が母数 μ を含むということ。「推定区間の中央ほど母数 μ の存在確率が高くなる」とは言えない。

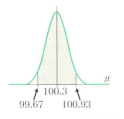

ベイズ統計学の 答 である (6) の意味。
解釈は単純。母平均 μ は95%の確率で (6) の不等式の中に存在する。また、図から事後分布の期待値 $\mu_1 = 100.3$ に近いほど、母数 μ の存在確率が高くなる。

　事前分布が一様分布のときに、頻度論の結論 (3) とベイズ統計学の結論 (6) は見かけ上一致します。これは一般的に成立することです。頻度論的な議論をしているときにも、形式ばらない議論の中では「母平均は95%の確率で信頼区間 (3) に入る」などという表現を用いてしまいますが、それでも誤りを生じないのはベイズ統計学の裏打ちがあるからといえるでしょう。

[*10] 文献によっては、この区間を頻度論の「信頼区間」と区別するために、「確信区間」「信用区間」などと呼んでいます。

5.5 MAP推定法とベイズ統計学

　統計学の大切な課題の一つは、得られたデータから母集団についての真の母数を推定することです。ここでは、最も簡単な方法のMAP推定法（Maximum a Posteriori estimation method）を調べます。従来から利用されている最尤推定法の延長上にある点推定法です。

❖MAP推定法

　ベイズ統計学が普及する前にも、データから母数の情報を得るという手法が広く知られていました。その代表が**最尤推定法**です（→1章§1.5）。この推定法は現象の起こる確率が最大になる母数が真の母数であると考えます。

　これまで何度か調べてきましたが（→2章§2.6、2章章末〔参考〕）、**MAP推定**もこの最尤推定法に似ています。本節では連続的な統計量（すなわち確率密度関数の場合）を対象にこの推定法を調べます。

　確率密度関数の場合でも、これまで調べたMAP推定法と考え方は変りません。事後分布を最大にする母数を、真の母数とする推定法です。すなわち、尤度関数を最大にする母数を推定値とするのが最尤推定法であり、事後分布を最大にする母数を推定値とするのがMAP推定法なのです。

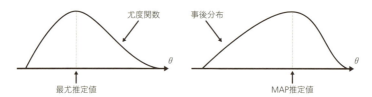

　ところで、ベイズ統計学でいう尤度と、最尤推定法でいう尤度関数とは同じものです。すなわち、ベイズ統計学の基本公式

$$\pi(\theta \mid D) = \frac{f(D \mid \theta)\pi(\theta)}{P(D)} \quad (\theta は推定したい母数) \tag{1}$$

の中の$f(D\mid\theta)$が尤度ですが、これは最尤推定法の尤度関数と一致します。この (1) 式で$P(D)$は母数θに関して定数ですから、MAP推定法と最尤推定法の違いは次の表のようにまとめられます。

推定名	推定法
MAP推定値	尤度×事前分布＝$f(D\mid\theta)\pi(\theta)$を最大にする$\theta$
最尤推定値	尤度関数$f(\theta\mid D)$を最大にするθ

2つの推定法の違いは事前分布$\pi(\theta)$の有無だけです。MAP推定を特徴づけているのは事前分布といえます。

例題1 1枚のコインを5回投げたところ、表、表、裏、表、裏と出た。このコインの表の出る確率θの値をMAP推定してみよう*11。

解 確率の乗法定理から、尤度$f(D\mid\theta)$は次のように求められます。

$$f(D\mid\theta)=\theta\cdot\theta\cdot(1-\theta)\cdot\theta\cdot(1-\theta)=\theta^3(1-\theta)^2 \tag{2}$$

事前の情報は何もないので、事前分布$\pi(\theta)$は一様分布を仮定します。

$$\pi(\theta)=1$$

以上から、$f(D\mid\theta)\pi(\theta)=\theta^3(1-\theta)^2\cdot 1=\theta^3(1-\theta)^2$

これは1章§1.5の **例題** で調べた最尤推定法の尤度関数$L(\theta)$と同じで、その最大値を与える母数θは次の値になります。

$$\theta=\frac{3}{5}\quad(=0.6)^{*12} \quad \textbf{答}$$

これからわかるように、事前分布として一様分布を採用すると、最尤推定法の推定値とMAP推定法の推定値は一致します。

一様分布は事前の情報が何もない場合に利用されます。しかし、事前に統計モデルの母数についての情報があるとき、それを取り込めるのがベイズ統計学の優れた点です。次の**問題**で確認しましょう。

---

*11　1章§2.5ではこの **例題** を最尤推定法で解きました。
*12　多くの文献では次の表現を用いています：$\arg\max_{\theta} f(D\mid\theta)\pi(\theta)=0.6$

問題にチャレンジ

1枚のコインを5回投げたところ、表、表、裏、表、裏と出た。このコインの表の出る確率θの値をMAP推定してみよう。ただし、コインは外見上表裏の区別が付きにくいので、その情報を事前分布として$6\theta(1-\theta)$と取り込むことにする。

解 題意にあるように、事前分布$\pi(\theta)$は次のように設定できます。

$$\pi(\theta) = 6\theta(1-\theta)$$

尤度$f(D\mid\theta)$は 例題1 の尤度関数（2）と一致します。

$$f(D\mid\theta) = \theta^3(1-\theta)^2$$

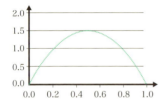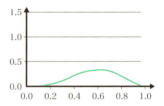

事前分布（左）と尤度（右）。ちなみに事前分布はベータ分布$Be(2, 2)$であり、尤度はベータ分布$Be(4, 3)$に比例（→6章§6.2）。

以上から、

$$f(D\mid\theta)\pi(\theta) = \theta^3(1-\theta)^2 \cdot 6\theta(1-\theta) = 6\theta^4(1-\theta)^3 \quad (3)$$

よって、この$f(D\mid\theta)\pi(\theta)$を最大にする$\theta$は次の値になります（下図）。

$$\theta = \frac{4}{7} \quad (\fallingdotseq 0.57) \quad \text{答}$$

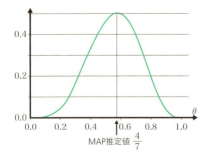

（3）の$f(D\mid\theta)\pi(\theta)$のグラフ。この最大値を実現する$\theta$の値4/7は微分計算で得られる。また、Excelなどを用いても簡単に得られる（→1章§1.5）。更に、$f(D\mid\theta)\pi(\theta)$がベータ分布$Be(5, 4)$に比例するので、ベータ分布のモードの公式（→6章§6.2）を利用しても得られる。

5.6 モデルの評価とベイズ因子

ベイズ統計学の基本公式の分母にある確率の和（または積分）$P(D)$ を「周辺尤度」と呼びますが、それを応用したベイズ因子について調べます。

❖ MAP推定法の延長上にあるベイズ因子の考え方

ベイズ統計学の基本公式を書き出してみましょう。例えば、母数 θ が連続的な値をとるときには、次のように記述されます。ここで、$\pi(\theta)$ は母数 θ の事前分布、$f(D\mid\theta)$ は尤度です（→4章§1）。

公式　ベイズ統計学の基本公式

$$\pi(\theta\mid D) = \frac{f(D\mid\theta)\pi(\theta)}{P(D)} \quad \left(P(D) = \int_\theta f(D\mid\theta)\pi(\theta)d\theta\right) \quad (1)$$

この $P(D)$ には周辺尤度という名が付けられています。「データ D が得られる確率」を表現します。

さて、資料（データ）を前に統計分析するには、統計モデルが必要になります。例えば、身長データを前にすれば、「正規分布に従うだろう」というモデルを作り、それをデータに当てはめようとします。

ところで、一つのデータに対するモデルは一つとは限りません。このとき、2つの統計モデルのどちらがより説明力があるのかを評価したくなります。その評価の基準として有名なものがベイズ因子（Bayes factor）です。

複数のモデルがあるとき、どちらが説明力を持つか（切れ味が良いか）を判定するのがベイズ因子

ベイズ因子を用いる評価法は前節で調べた最尤推定法や MAP 推定法の考え方（→前節§5.5）を利用します。これらの推定法は「取得したデータが得られる確率を最大にする母数が最良の母数」というアイデアで母数を推定します。これを統計モデルまで拡張し、「取得したデータが得られる確率

を最大にする統計モデルが最良のモデル」と考えるのです。このように考えてモデルの良し悪しを判定するのがベイズ因子を用いた評価法です。

❖ベイズ因子は周辺尤度の比

再確認しますが、公式 (1) の周辺尤度$P(D)$は「データDが得られる確率」を表現します。そこで、モデルM_1から算出される周辺尤度を$P(D, M_1)$、モデルM_2から算出される周辺尤度を$P(D, M_2)$としましょう。このとき、上記の「取得したデータが得られる確率を最大にする統計モデルが最良のモデル」という考え方をとるなら、次の不等式が成立するとき、モデルM_1の方がモデルM_2よりも優れていると考えられます。

$$P(D, M_1) > P(D, M_2) \quad \text{すなわち、} \quad \frac{P(D, M_1)}{P(D, M_2)} > 1 \quad (2)$$

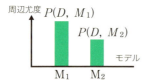

周辺尤度が大きいほど、良い統計モデルと考える。

この分数の値を**ベイズ因子**（英語でBayes factor）呼びます。本書ではBFという記号で表すことにします。

$$BF = \frac{P(D, M_1)}{P(D, M_2)} \quad (3)$$

(2) のとき、すなわち$BF > 1$のとき、モデルM_1の方がモデルM_2よりも数学的に優れたモデルと考えます。

注意すべきことは、モデルの形態は色々であり、ベイズ因子BFが1より大きいからといって、単純にモデルM_1の方が優れていると断言できません。あくまで一つの目安であることに留意しましょう。

❖例を調べよう

抽象論に偏りすぎたので、ここで簡単な例を調べてみましょう。

例題 あるビールメーカーの製造する内容量350mlと記された缶ビールがある。無作為に10缶を取り出したところ、その内容量の標本平均

は351ml、標本分散S^2は1.5^2であった。このとき、母集団分布の平均値μについて、次の2つのモデルM_1、M_2に関するベイズ因子を求めよ。

M_1：内容量Xの従う母集団分布$f_1(x)$は平均値μ、分散1^2の正規分布。
  その母平均μの事前分布$\pi_1(\mu)$は期待値350、分散2^2の正規分布。
M_2：内容量Xの従う母集団分布$f_2(x)$は次の一様分布。

$$f_2(x) = \frac{1}{10} \quad (\mu-5 \leq x \leq \mu+5)、f_2(x)=0 \quad （左記以外）$$

その母平均μの事前分布$\pi_2(\mu)$は次の一様分布。

$$\pi_2(\mu) = \frac{1}{10} \quad (345 \leq \mu \leq 355)、\pi_2(\mu)=0 \quad （左記以外）$$

最初にモデルM_1を調べます。

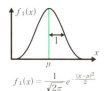
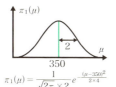

モデルM_1の母集団分布$f_1(x)$と事前分布$\pi_1(\mu)$。

このモデルM_1の周辺尤度$P(D, M_1)$は本節末 MEMO の公式を利用しましょう。その公式で、次の値が対応します。

$n=10$、$\overline{x}=351$、$S^2=1.5^2$、$\sigma^2=1^2$、$\mu_0=350$、$\sigma_0^2=2^2$

すると、節末 MEMO 公式（8）から、

$$\sigma_1^2 = \frac{\sigma_0^2 \sigma^2}{n\sigma_0^2 + \sigma^2} = \frac{2^2 \cdot 1^2}{10 \cdot 2^2 + 1^2} \fallingdotseq 0.098$$

これを周辺尤度の公式（7）に代入して$P(D, M_1)$が求められます。

$$\begin{aligned}
P(D, M_1) &= \left(\frac{1}{\sqrt{2\pi}\,\sigma}\right)^n \frac{\sigma_1}{\sigma_0} e^{-\frac{nS^2}{2\sigma^2}} e^{-\frac{n(\mu_0-\overline{x})^2}{2(n\sigma_0^2+\sigma^2)}} \\
&= \left(\frac{1}{\sqrt{2\pi}\cdot 1}\right)^{10} \sqrt{\frac{0.098}{2^2}} e^{-\frac{10\cdot 1.5^2}{2\cdot 1^2}} e^{-\frac{10(350-351)^2}{2(10\cdot 2^2+1^2)}} \\
&= 1.84 \times 10^{-10}
\end{aligned} \quad (4)$$

この $P(D, M_1)$ の生成される統計モデルのイメージを図示してみます。

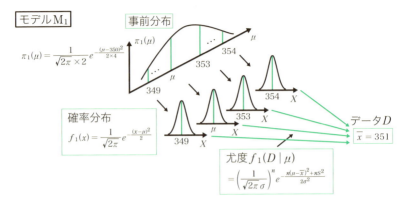

データとして標本平均 $\bar{x}$ が351と得られたとき、母数 μ の各値（図では349、μ、353、354を例示）から得られる事前分布と尤度の積の合計（積分）が周辺尤度 $P(D, M_1)$。なお、尤度 $f_1(D\mid\mu)$ は節末 MEMO の公式（6）を利用しています。

次に、モデル M_2 について調べます。

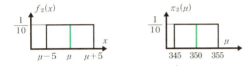

モデル M_2 の母集団分布 $f_2(x)$ と事前分布 $\pi_2(\mu)$。

このモデル M_2 の事前分布 $\pi_2(\mu)$、尤度 $f_2(D\mid\mu)$ は、次のように算出されます。

$$\pi_2(\mu) = \frac{1}{10} \quad (345 \leq \mu \leq 355),\ f_2(D\mid\mu) = \left(\frac{1}{10}\right)^{10}$$

よって、モデル M_2 の周辺尤度 $P(D, M_2)$ は、次のように算出されます。

$$P(D, M_2) = \int_{345}^{355} f_2(D\mid\mu)\pi_2(\mu)d\mu = \int_{345}^{355}\left(\frac{1}{10}\right)^{10} \times \frac{1}{10}d\mu = \left(\frac{1}{10}\right)^{10} \quad (5)$$

この $P(D, M_2)$ の生成される統計モデルのイメージを図示してみましょう。

5.6 モデルの評価とベイズ因子 / 143

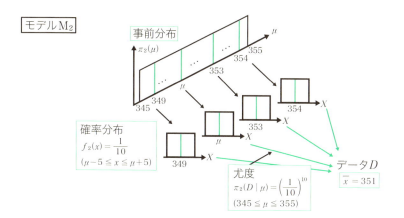

モデルM_1と同様、データとして標本平均$\bar{x}$が351と得られたとき、母数μの各値（図では349、μ、353、354を例示）から得られる事前分布$\pi_2(\mu)$と尤度$f_2(D\mid\mu)$の積の合計（積分）が周辺尤度$P(D\mid M_2)$。

以上（4）（5）から、ベイズ因子（3）の値が算出できます。

$$BF = \frac{P(D, M_1)}{P(D, M_2)} = \frac{1.84 \times 10^{-10}}{10^{-10}} = 1.84$$

標本のデータを丁寧に取り込んだ正規分布モデルM_1の方が、簡易モデルの「箱型分布モデル」M_2よりも説明力があるようです。 **答**

問題にチャレンジ

コインを10回投げて、表が6回出たとします。このデータをもとに、次の2つのモデルに関して、ベイズ因子BFを求めよ。
　M_1：コインの表の出る確率θは0.5のモデル[*13]
　M_2：コインの表の出る確率θは事前分布が一様分布$\pi(\theta)=1$
　　　　（$0 \leqq \theta \leqq 1$）に従うベイズモデル。

解　事前分布についての条件が無いので、一様分布を仮定します。反復試行の確率の定理から、モデルM_1の周辺尤度$P(D, M_1)$は次のように求められます。

[*13] モデルM_1は事前分布$\pi(\theta) = \delta(\theta - 0.5)$（$\delta(x)$は$\delta$関数）と考えることで、ベイズ統計学の理論の中に組み込めます。また、ベイズモデルとはベイズ統計学の基本公式を適用する統計モデルのことです。

$$P(D, M_1) = {}_{10}C_6 \times 0.5^6 \times (1-0.5)^4 = 105/512 \fallingdotseq 0.205$$

モデルM_2の周辺尤度$P(D, M_2)$も同様にして、

$$P(D, M_2) = \int_0^1 {}_{10}C_6 \times \theta^6 (1-\theta)^4 \cdot 1 d\theta = 1/11 \fallingdotseq 0.091 \quad \text{*14}$$

よって、ベイズファクターBFの値は (3) 式から

$$BF = \frac{P(D, M_1)}{P(D, M_2)} = \frac{0.205}{0.091} \fallingdotseq 2.25$$

モデルM_1の方が、モデルM_2よりも倍以上の説明力を持つことになります。ベイズファクターだけを基準にするなら、モデルM_1の方が優れているといえます。 答

MEMO　正規母集団から抽出された標本の尤度と周辺尤度

正規母集団の母平均μ、母分散σ^2とします。また、μの事前分布も正規分布と仮定し、その期待値をμ_0、分散をσ_0^2とします。このとき、尤度$f(D\,|\,\mu)$、周辺尤度$P(D)$は次のように得られます（→付録Dの式 (8)、(15) 参照）。

$$f(D\,|\,\mu) = \left(\frac{1}{\sqrt{2\pi}\,\sigma}\right)^n e^{-\frac{n(\mu-\overline{x})^2 + nS^2}{2\sigma^2}} \tag{6}$$

$$P(D) = \left(\frac{1}{\sqrt{2\pi}\,\sigma}\right)^n \frac{\sigma_1}{\sigma_0} e^{-\frac{nS^2}{2\sigma^2}} e^{-\frac{n(\mu_0-\overline{x})^2}{2(n\sigma_0^2 + \sigma^2)}} \tag{7}$$

ここで

$$\sigma_1^2 = \frac{\sigma_0^2 \sigma^2}{n\sigma_0^2 + \sigma^2} \tag{8}$$

なお、nは標本の大きさ、$\overline{x}$は標本平均、S^2は標本分散を表します。

---

*14　この積分の計算は6章§6.2を参照すると簡単です。

5.7 回帰分析とベイズ統計学

ベイズの理論を回帰分析に応用してみましょう。考え方は「母数を確率変数」と考えるベイズの理論を適用します。回帰分析の母数は回帰係数や切片です。それらを定数ではなく確率変数と考えるのが回帰分析に対するベイズの理論の基本スタンスです。

❖回帰分析の考え方の復習

回帰分析とは多変量の資料において、ある1変量を残りの変量の式で表現し説明する統計解析の手法です。その式を**回帰方程式**と呼びます。また、説明される変量を**目的変量**、説明する変量を**説明変量**と呼びます。

本節では、ベイズ統計学がどのように回帰分析と向き合うかを知るために、線形の単回帰分析を考えることにします。そして、説明変量をx、目的変量をyで表すことにします。

個体名	(説明変量) x	(目的変量) y
1	x_1	y_1
2	x_2	y_2
3	x_3	y_3
…	…	…
n	x_n	y_n

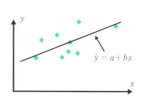

線形の単回帰分析は、2変量x、yの相関図において、点の散らばりを1本の直線で表現します。その直線の式、すなわち**回帰直線**は次のように表されます。

$$\hat{y} = ax + b \quad (a は回帰係数、b は切片) \quad \text{*15}$$

以下では、更に簡単にするために、次のように定数項のない(すなわち切片$b=0$の)単回帰分析を調べましょう。

$$\hat{y} = ax \quad (a は回帰係数) \tag{1}$$

このように簡略化することで、ベイズ統計学が回帰分析にどう向き合うのかが理解しやすくなります*16。

---

*15 資料の目的変量y(実測値)と区別するために、回帰方程式の左辺の変数に記号$\hat{y}$を用いています。この$\hat{y}$の値を**予測値**と呼びます。

*16 一般的な線形の回帰分析については付録Cにまとめました。

❖古典的な回帰分析の復習

簡単に従来の回帰分析の考え方をおさらいしましょう。古典的な回帰分析の考え方は単純で、(1) で求めた理論値と実測値の誤差（これを残差といいます）の平方和を最小にするように回帰係数 a を決定します。すなわち、与えられた資料から次の表のように残差 ε を作成し、その平方和を最小にするように a を決定するのです。

個体名	x	実測値 y	予測値 $\hat{y}$	残差 $\varepsilon = y - \hat{y}$
1	x_1	y_1	ax_1	$y_1 - ax_1$
2	x_2	y_2	ax_2	$y_2 - ax_2$
3	x_3	y_3	ax_3	$y_3 - ax_3$
…	…	…	…	…
n	x_n	y_n	ax_n	$y_n - ax_n$

残差 ε の平方和を Q で表すと、この Q は次のように表されます。

$$Q = (y_1 - ax_1)^2 + (y_2 - ax_2)^2 + \cdots + (y_n - ax_n)^2$$

これを最小にする a は次の式を満たします。

$$\frac{\partial Q}{\partial a} = -2\{(y_1 - ax_1)x_1 + (y_2 - ax_2)x_2 + \cdots + (y_n - ax_n)x_n\}$$

これを解いて

$$a = \frac{S_{xy}}{S_x^2} \quad (2)$$

ここで、S_{xy}、S_x^2 は次のように定義されます。

$$S_{xy} = x_1 y_1 + x_2 y_2 + \cdots + x_n y_n、\quad S_x^2 = x_1^2 + x_2^2 + \cdots + x_n^2 \quad (3)$$

こうして、(1) で示された回帰方程式が得られます。ベイズ統計学と比較して大切なことは、母数である回帰係数が (2) によって確定するということです。母数を確率変数と考えるベイズ統計学とは大きく異なります。

❖ベイズ流の回帰分析

回帰分析にベイズの理論を応用してみましょう。式 (1) の回帰係数 a を母数と考え、それを確率変数と解釈するところが、この理論の核心です。

さて、回帰直線は相関図上の点の散らばりを完全にはトレースできず、

実際の点は直線の周りに揺らいでいます。このとき、「揺らぎ（すなわち残差）εは平均値0の正規分布に従う」という仮定を設けます。すなわち、

$$y = ax + \varepsilon \quad (\varepsilon は期待値0の正規分布に従う)$$

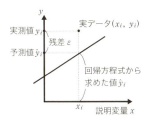

残差εは期待値0の正規分布に従うと仮定。

式で表すと、x、yは次の確率分布に従うことになります。

$$f(x, y) = \frac{1}{\sqrt{2\pi}\,\sigma} e^{-\frac{\varepsilon^2}{2\sigma^2}} = \frac{1}{\sqrt{2\pi}\,\sigma} e^{-\frac{(y-ax)^2}{2\sigma^2}} \quad (4)$$

回帰係数aが母数（パラメータ）になっていることに留意してください（簡単にするために、分散σ^2は既知とします）。

左記に示した資料をデータDと表現しましょう。すると、この資料が得られる確率（すなわち尤度$f(D\,|\,a)$）は（4）から次のように表せます。

$$\begin{aligned}f(D\,|\,a) &= \frac{1}{\sqrt{2\pi}\,\sigma} e^{-\frac{(y_1-ax_1)^2}{2\sigma^2}} \frac{1}{\sqrt{2\pi}\,\sigma} e^{-\frac{(y_2-ax_2)^2}{2\sigma^2}} \cdots \frac{1}{\sqrt{2\pi}\,\sigma} e^{-\frac{(y_n-ax_n)^2}{2\sigma^2}} \\ &= \left(\frac{1}{\sqrt{2\pi}\,\sigma}\right)^n e^{-\frac{(y_1-ax_1)^2+(y_2-ax_2)^2+\cdots+(y_n-ax_n)^2}{2\sigma^2}} \end{aligned} \quad (5)$$

これが、尤度$f(D\,|\,a)$です。母数aのもとで資料が得られる確率を表します。

次に、(5)の指数部分を調べてみましょう。

(5)の指数

$$= -\frac{1}{2\sigma^2}\{(y_1-ax_1)^2 + (y_2-ax_2)^2 + \cdots + (y_n-ax_n)^2\}$$

$$= -\frac{1}{2\sigma^2}\{(x_1^2+x_2^2+\cdots+x_n^2)a^2 - 2(x_1y_1+x_2y_2+\cdots+x_ny_n)a\} + C$$

Cは母数aを含まない定数です。(3)のようにs_{xy}、s_x^2を定義すると、こ

れは次のように表せます。

$$(5) \text{ の指数} = -\frac{1}{2\sigma^2}\{s_x^2 a^2 - 2s_{xy}a\} + C$$

すると、尤度は次のように表現されます（∝は比例を表す記号）。

$$f(D\mid a) \propto e^{-\frac{s_x^2 a^2 - 2s_{xy}a}{2\sigma^2}} \propto e^{-\frac{s_x^2 a^2 - 2s_{xy}a}{2\sigma^2}} \propto e^{-\frac{s_x^2(a-a_r)^2}{2\sigma^2}} \qquad (6)$$

ここで、a_rは次のように定められます。

$$a_r = \frac{s_{xy}}{s_x^2} \text{*17} \qquad (7)$$

❖事前分布を設定しベイズ統計学の基本公式に代入

(6)において、分散σ^2は既知と仮定されているので、考える母数はaのみです。この回帰係数aの事前分布として期待値a_0、分散σ_0^2の正規分布を仮定しましょう（ここではa_0、σ_0は定数と考えます）。

$$\pi(a) = \frac{1}{\sqrt{2\pi}\,\sigma_0} e^{-\frac{(a-a_0)^2}{2\sigma_0^2}} \propto e^{-\frac{(a-a_0)^2}{2\sigma_0^2}} \qquad (8)$$

(6)、(8)とベイズ統計学の基本公式とから、回帰係数aの事後分布$\pi(a\mid D)$は次のように得られます。

$$\pi(a\mid D) \propto f(D\mid a)\pi(a) \propto e^{-\frac{s_x^2(a-a_r)^2}{2\sigma^2}} e^{-\frac{(a-a_0)^2}{2\sigma_0^2}}$$

指数部を計算し、次のようにまとめられます（→付録Dの式（10）と同様）。

$$\pi(a\mid D) \propto e^{-\frac{(a-a_P)^2}{2\sigma_P^2}} \qquad (9)$$

ここで、a_P、σ_P^2は次のように求められます。

$$a_P = \frac{s_x^2 \sigma_0^2 a_r + \sigma^2 a_0}{s_x^2 \sigma_0^2 + \sigma^2},\quad \sigma_P^2 = \frac{\sigma_0^2 \sigma^2}{s_x^2 \sigma_0^2 + \sigma^2} \qquad (10)$$

(9)はaについての正規分布の形をしているので、事後分布$\pi(a\mid D)$は次のように求められます。

---

*17　古典的な回帰分析の結果（2）と一致しています。

公式 斉次単回帰分析の回帰係数の公式

$$\pi(a \mid D) = \frac{1}{\sqrt{2\pi}\,\sigma_P} e^{-\frac{(a-a_P)^2}{2\sigma_P^2}} \qquad (11)$$

これが回帰分析の母数である回帰係数 a の確率分布（事後分布）の式です。

❖具体例で見てみよう

次の 例題 で、以上の論理を確認しましょう。

例題 ある農業試験場が開発した新品種の野菜Hに含まれるビタミンCの含有量を調べるために、異なる農場から採れた野菜Hを回収し、その量 (g) と含有ビタミンCの量 (mg) を測定した。すると、下記の表が得られた。

No	葉の重さ (x)	C含有量 (y)
1	45.2	13.8
2	51.6	15.5
3	47.5	11.2
4	31.7	12.8
5	46.3	13.8
6	41.8	11.7
7	27.6	6.8
8	69.1	22.0
9	57.7	19.1
10	29.5	10.3
	(g)	(mg)

この資料をもとに、ベイズ理論を用いて回帰分析してみよう。ここで、野菜Hの量を説明変量 x(g) に、含まれるビタミンCの量を目的変量 y(mg) とする。なお、この農業試験場の長年のデータから、残差の分散は 5^2 となることが知られている。また、回帰係数 a の事前分布は、期待値は 0.25、分散は 0.1^2 と予想できる。

解 野菜Hの量が0ならば、当然含まれるビタミンCの量も0になります。そこで、野菜Hの量 x とビタミンCの含有量 y の関係は式 (1) の形、すなわち次の形を仮定できます。

$$\hat{y} = ax \quad (a\text{は回帰係数}) \qquad (1)\text{(再掲)}$$

資料を (3) (7) に適用すると，

$$s_{xy} = 6603.1、s_x^2 = 21593.8、a_r = s_{xy}/s_x^2 = 0.306$$

題意から、式 (5) の中の分散 σ^2、事前分布 (8) の中の a_0、σ_0^2 は次のように与えられます。

$$\sigma^2 = 5^2、a_0 = 0.25、\sigma_0^2 = 0.1^2$$

以上の値を式 (10) に代入して、

$$a_P = \frac{s_x^2 \sigma_0^2 a_r + \sigma^2 a_0}{s_x^2 \sigma_0^2 + \sigma^2} = 0.3,\ \sigma_P^2 = \frac{\sigma_0^2 \sigma^2}{s_x^2 \sigma_0^2 + \sigma^2} = 0.001$$

こうして事後分布 (11) が次のように得られます。

$$\pi(a \mid D) = \frac{1}{\sqrt{2\pi \times 0.001}} e^{-\frac{(a-0.3)^2}{2 \times 0.001}} \quad \text{答} \qquad (12)$$

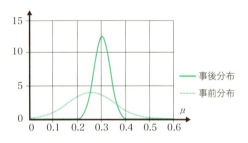

事前分布、事後分布を重ねて描いた図。

❖ ベイズ流の回帰分析

　回帰係数が母数であり、それが確率変数として扱われるので、回帰方程式は一意的には定まりません。そして、欲しい情報は回帰係数の事後分布から計算で得ることになります。このことを 例題 で確認してみましょう。

　一例として回帰係数の値を確定してみましょう。色々な決定法がありますが、例えばMAP推定（→5章§5.5）を採用するなら、(12) から a の値は次のように得られます。

$$a = a_P = 0.3$$

ちなみに、事後分布（12）は正規分布なので、この値は事後分布の期待値とも一致します。

また、回帰係数 a に広がりを与えてグラフ化し分析してみましょう。例えば、次の2本の直線をデータの散布図に合わせて描いてみます。

$$y = (a_P - 1.96\sigma_P)x,\ y = (a_P + 1.96\sigma_P)x$$

事後分布（12）は正規分布なので、この2つの直線に挟まれた範囲に、約95％の確率で回帰直線が入ることになります。

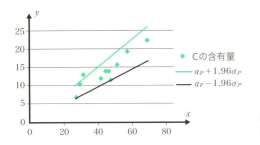

挟まれている部分に回帰直線が入る確率は約95％入る

❖ベイズ理論の回帰分析のメリット

従来の回帰分析では、過去の回帰分析で得られた経験や知識をスムーズに現資料に取り込むことは困難です。昔のデータが「宝の持ち腐れ」になったり、現データとまとめて計算し直したりすることになります。ところが、ベイズの理論による回帰分析では、過去のデータを簡単に現データに取り込むことができます。 例題 で見たように、現在の資料から得られた尤度に、過去の経験データ（すなわち事前分布）を掛けるだけで可能だからです！

また、従来の回帰分析では、大きく外れたデータ（異常値）に回帰係数は敏感に反応してしまい、その異常値の対処に悩むことがあります。しかし、ベイズ統計学では事前分布が緩衝材の役割を果たし、異常値による回帰係数のブレを軽減してくれます。本節の例題でも、データの影響度を与える尤度（7）の期待値 $a_r = s_{xy}/s_x^2 = 0.306$ は事前分布の期待値

$a_0 = 0.25$ の方向に引きずり戻され、事後分布の期待値 a_P は 0.3 に減殺されています。

問題にチャレンジ

> 先の 例題 で、事前分布として一様分布（無情報事前分布）を設定したとき、事後分布を求めよう。

解　事前分布が一様分布のとき、ベイズ統計学の基本公式から、事後分布 $\pi(a \mid D)$ は尤度 $f(D \mid a)$ に比例します。(6) から

$$\pi(a \mid D) \propto f(D \mid a) \propto e^{-\frac{s_x^2(a-a_r)^2}{2\sigma^2}}$$

a について正規分布の形をしているので、その正規分布の性質から、

$$\text{事後分布}\quad \pi(a \mid D) = \frac{1}{\sqrt{2\pi}\,\sigma/s_x} e^{-\frac{s_x^2(a-a_r)^2}{2\sigma^2}}$$

ここで、例題 の解から、

$s_{xy} = 6603.1$、$s_x^2 = 21593.8$、$a_r = s_{xy}/s_x^2 = 0.306$、$\sigma^2 = 5^2$

これらの数値を代入して、

$$\pi(a \mid D) = \frac{1}{\sqrt{2\pi}\cdot 5/146.9} e^{-\frac{21593.8(a-0.306)^2}{2\cdot 5^2}} \quad \text{答}$$

この事後分布から回帰係数の MAP 推定値（期待値とも一致）は 0.306 で、古典的な回帰係数 (2) から得られる値と一致します。

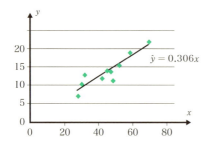

MAP 推定から得られた回帰直線の式
$\hat{y} = 0.306x$
は古典的な回帰直線の式と一致します。

自然な共役事前分布

 ベイズの理論を統計学に応用するとき、複雑な積分の計算を強いられる場合があります。そこで、この積分計算を簡単に迂回する論法を紹介します。それが「自然な共役事前分布」のアイデアです。

6.1 ベイズ統計学と自然な共役事前分布

　事後分布、及びそれを用いた統計量の計算の実際には、煩雑な積分の計算を伴うことがあります。そこで、この積分を回避する方法を知っておくと便利です。本章は事前分布を上手に設定して積分を回避する「自然な共役事前分布」について調べます。

❖事前分布をどう選ぶ？

　本章までは、与えられた事前分布を採用してきました。また、与えられていないときには、無情報事前分布、すなわち単純な一様分布を採用してきました。事前分布をどう選ぶべきかについては考えなかったのです。

　ところで、ベイズ統計学の美点は、事前に何か情報があるとき、それを事前分布として取り入れられることです。しかし、「経験」などといっても、それほどしっかりした式で表せるものではありません。

　　例1　「ビール工場のラインが作る350ml缶ビールの内容量の母平均μは、期待値350の付近でピークを持つ山形の分布になるだろう」と常識的に考えても、この経験を事前分布として具体化するとき、どのような関数のタイプを採用してよいか困惑します。下図はその候補例です。

期待値350mlの付近でピークを持つ山形の分布といっても色々

　では、経験を活かす関数としてどんな関数を事前分布に採用すればよいでしょうか。それが本章のテーマです。

❖事後分布の計算は煩雑

　先の章では「ベイズ統計学の基本公式」を導出しました（→4章§4.1）。これは、例えば次のようにまとめらる公式です。

$$\pi(\theta \mid D) = \frac{f(D \mid \theta)\pi(\theta)}{P(D)} \tag{1}$$

$\pi(\theta)$は事前分布、$f(D \mid \theta)$は尤度、$P(D)$は周辺尤度です。

ベイズ理論で計算に利用されるのは、この左辺の事後分布$\pi(\theta \mid D)$ですが、その具体的な形を求めるには周辺尤度$P(D)$を計算しなければなりません。

$$P(D) = \int_\theta f(D \mid \theta)\pi(\theta)d\theta$$

また、事後分布$\pi(\theta \mid D)$から統計量を求めるにも、積分計算が不可避です。例えば母数θの期待値を求めるにも、次の積分をしなければなりません。

$$\theta の期待値 = \int_\theta \theta \pi(\theta \mid D)d\theta$$

これらの積分計算が面倒なのは次の 例2 でも想像がつくでしょう。積分の形を見ただけで計算する気が削がれます。また、多くの実用的な問題ではθとして複数の変数が対応します。問題は更に複雑になるのです。

例2 尤度$f(D \mid \theta)$が二項分布の形、事前分布$\pi(\theta)$が指数分布の形をしていたとしましょう。

$$尤度 f(D \mid \theta) = {}_nC_r \theta^r (1-\theta)^{n-r}、事前分布 \pi(\theta) = \lambda e^{-\lambda\theta}$$

すると、母数θの期待値の計算は次のようになり、複雑です。

$$\theta の期待値 = \frac{\int_0^1 \theta \times \theta^r (1-\theta)^{n-r} e^{-\lambda\theta} d\theta}{\int_0^1 \theta^r (1-\theta)^{n-r} e^{-\lambda\theta} d\theta}$$

本章の目的は、このような積分計算の煩雑さを回避する「自然な共役事前分布」というアイデアを調べることです。

❖自然な共役事前分布

経験や常識があればそれを事前分布に活かすべきですが、下手に事前分布を持ち込むと計算が大変になります。この矛盾する2つの要求に応える

のが**自然な共役事前分布**の採用です。

　自然な共役事前分布を利用する方法とは、事前分布と事後分布が同じタイプの分布になるように、母数が規定する確率分布とその母数の事前分布とをマッチングさせる方法です。このような統計モデルを採用することで、事後分布や、それに伴う統計量の算出が公式を使って簡単にできるようになります。また、ベイズ統計学の特徴であるベイズ更新にも容易に対応できます。

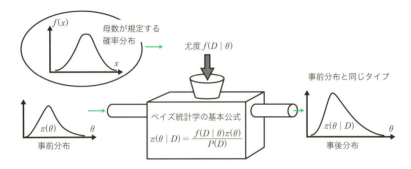

母数が規定する確率分布にマッチングするように事前分布を選ぶと、事後分布は事前分布と同じ型になり、公式からその形が簡単に求められる。また、ベイズ更新も容易になる。この事前分布を母数が規定する確率分布の「自然な共役事前分布」と呼ぶ。

　母数が規定する確率分布に対する自然な共役事前分布にはどのようなものがあるか、表にまとめてみましょう。以下の節で詳しく見ていきます。

母数が規定する確率分布	自然な共役事前分布
ベルヌーイ分布	ベータ分布
二項分布	ベータ分布
正規分布（分散既知）	正規分布
正規分布（分散未知）	逆ガンマ分布
ポアソン分布	ガンマ分布

> **MEMO　確率分布の定義とその中のパラメータ**
>
> 　正規分布や二項分布は有名で、定義式が文献で異なることはほとんどありません。しかし、ガンマ分布や逆ガンマ分布になると、文献によって微妙に形が違うことがあります。実際に利用する際には注意が必要です。

6.2 ベルヌーイ分布、二項分布の自然な共役事前分布

　ベルヌーイ分布や二項分布に従うデータを考えるとき、その母数の自然な共役事前分布はベータ分布が担います。この分布を採用することで、事後分布やそれに関する統計量が簡単に得られるようになります。

❖ ベルヌーイ分布、二項分布の復習

　事象がYesかNoの2つだけで表現される試行を**ベルヌーイ試行**といいます。この試行において、Yesを1で、Noを0とする確率変数Xが従う分布を**ベルヌーイ分布**といいます。Yesの起こる確率を母数θとするとき、この確率分布は次の表のように表現されます（→5章§5.1）。

X	0	1
確率	$1-\theta$	θ

　ベルヌーイ試行をn回反復試行し、そのうちX回だけ「Yes」が起こるとき、このXの従う確率分布を**二項分布**といいます（→5章§5.2）。Yesの起こる確率をθとするとき、この二項分布は$B(n, \theta)$と表現されます。$X = k$のとき、この確率分布を表す関数$f(k)$は次式で示されます（→反復試行の確率の定理（1章§1.3））。

$$f(k) = {}_nC_k \theta^k (1-\theta)^{n-k} \qquad (1)$$

　(1)は表として次のようにも表現できます[*1]。

k	0	1	2	...	n
確率	${}_nC_0(1-\theta)^n$	${}_nC_1\theta(1-\theta)^{n-1}$	${}_nC_2\theta^2(1-\theta)^{n-2}$	...	${}_nC_n\theta^n$

❖ ベータ分布とは

　ベータ分布はベイズ統計学で大活躍します。上記のベルヌーイ試行や反復試行で得られた確率現象の自然な共役事前分布として用いられるからです。実際にその分布の形と性質を見てみましょう。

[*1] 上記2つの表を比較すればわかるように、ベルヌーイ分布は二項分布の特別場合（$n=1$の場合）として処理できます。

> **定義　ベータ分布の定義と公式**
>
> 確率密度関数が次の$f(p, q, x)$で与えられる分布を**ベータ分布**といい、記号で$Be(p, q)$と表現する。
>
> $$f(p, q, x) = \frac{(p+q-1)!}{(p-1)!(q-1)!} x^{p-1}(1-x)^{q-1} \quad (0 \le x \le 1) \quad (1)$$
>
> ここで、定数p、qは正の整数である。
>
> このベータ分布の期待値μと分散σ^2、モード（最尤値）M*2は次のように与えられる。
>
> $$\mu = \frac{p}{p+q}, \quad \sigma^2 = \frac{pq}{(p+q)^2(p+q+1)}, \quad M = \frac{p-1}{p+q-2} \quad (2)$$

典型的なベータ分布を描いて見ましょう。事前分布のイメージがこのグラフに合致しているとき、そしてデータがベルヌーイ分布や二項分布に従うとき、ベータ分布は有力な事前分布の候補になります。

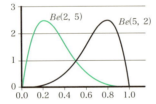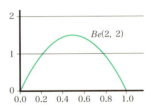

$Be(2, 5)$、$Be(5, 2)$、$Be(2, 2)$のグラフ

❖一様分布はベータ分布

ベルヌーイ試行や反復試行において、その無情報事前分布として利用される一様分布はベータ分布の特別な場合（すなわち、$Be(1, 1)$）と考えられます。実際、$p = q = 1$のとき、

$$f(p, q, x) = \frac{1!}{0!0!} x^{1-1}(1-x)^{1-1} = x^0(1-x)^0 = 1 \quad (= 一定)$$

したがって、一様分布を事前分布に採用するということは、ベータ分布を採用したということになります。これまでの例で、ベルヌーイ分布や二

---

*2　モードMを考えるときには、$2 < p+q$。

項分布の事前分布として一様分布を採用すると結果がきれいになりましたが、それにはこのような訳があったのです。

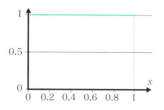

無情報事前分布として採用される一様分布は$Be(1, 1)$と表せる。

❖ベータ分布はベルヌーイ分布、二項分布の自然な共役事前分布

先に述べたように、ベータ分布はベルヌーイ分布、二項分布の自然な共役事前分布になっています。その公式を確かめましょう。

> **公式　ベルヌーイ分布、二項分布の自然な共役事前分布の公式**
>
> 二項分布$B(n, \theta)$（$n=1$のときはベルヌーイ分布）に従う確率変数Xにおいて、データ$X=k$が得られたとき、母数θの事前分布としてベータ分布$Be(p, q)$を仮定すると、事後分布は次のベータ分布となる。
>
> $$Be(k+p,\ n-k+q) \tag{3}$$

例1　二項分布$B(7, \theta)$に従う確率変数Xにおいて、データDとして$X=4$が得られたとき、その事前分布として$Be(3, 2)$を設定してみましょう。このとき、尤度$f(D \mid \theta)$、事前分布$\pi(\theta)$は

$$f(D \mid \theta) = {}_7C_4 \theta^4 (1-\theta)^{7-4},\ \pi(\theta) = \frac{4!}{2!1!} \theta^2 (1-\theta)^1$$

このとき、ベイズ統計学の基本公式から、事後分布$\pi(\theta \mid D)$は

$$\pi(\theta \mid D) \propto {}_7C_4 \theta^4 (1-\theta)^{7-4} \cdot \frac{4!}{2!1!} \theta^2 (1-\theta)^1 \propto \theta^6 (1-\theta)^4$$

これは$Be(4+3,\ 7-4+2)$、すなわち$Be(7, 5)$の形をしています。よって、

$$\pi(\theta \mid D) = \frac{(7+5-1)!}{(7-1)!(5-1)!} \theta^6 (1-\theta)^4 = 2310 \theta^6 (1-\theta)^4$$

自然な共役事前分布を利用することで、煩わしい積分を計算しなくても、公式から簡単に事後分布が得られています！

❖公式を証明

公式（1）の証明は 例1 を一般化することでなされます。

証明 二項分布 $B(n, \theta)$ に従う確率変数 X において、データ D として $X=k$ が得られたとき、その事前分布として $Be(p, q)$ を設定してみましょう。このとき、尤度 $f(D \mid \theta)$、事前分布 $\pi(\theta)$ は

$$f(D \mid \theta) = {}_nC_k \theta^k (1-\theta)^{n-k}、\pi(\theta) = \frac{(p+q-1)!}{(p-1)!(q-1)!} \theta^{p-1}(1-\theta)^{q-1}$$

ベイズ統計学の基本公式から、事後分布 $\pi(\theta \mid D)$ は

$$\pi(\theta \mid D) \propto {}_nC_k \theta^k (1-\theta)^{n-k} \cdot \frac{(p+q-1)!}{(p-1)!(q-1)!} \theta^{p-1}(1-\theta)^{q-1}$$

$$\propto \theta^{k+p-1}(1-\theta)^{n-k+q-1}$$

これは $Be(k+p, n-k+q)$ の形をしています。　　　　　　　　　**(終)**

❖具体例を見てみよう

例題 内閣支持について無作為に選ばれた100人にアンケート調査した。すると、支持する人は40人であった。支持率 θ の事後分布を求めよ。また、その事後分布から、支持率 θ の期待値、分散、およびMAP推定値を求めよ。ただし、過去の詳しい調査から事前分布はベータ分布 $Be(4, 3)$ であることが知られているとする。

解 支持率 θ のもとで、支持者の人数分布は二項分布 $B(100, \theta)$ に従うと考えられます。支持する人は40人であり、事前分布はベータ分布 $Be(4, 3)$ なので、公式から事後分布は次のベータ分布になります。

$Be(40+4, 100-40+3)$、すなわち $Be(44, 63)$

こうして得られた事後分布において、支持率 θ の期待値、分散、MAP推定値はベータ分布の公式から、

θ の期待値 $= \dfrac{44}{44+63} \fallingdotseq 0.41$、分散 $= \dfrac{44 \times 63}{(44+63)^2(44+63+1)} \fallingdotseq 0.047^2$

MAP推定値 $= \dfrac{44-1}{44+63-2} \fallingdotseq 0.41$　　**答**

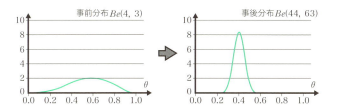

事前分布と事後分布のグラフ。事後分布の期待値もMAP推定値も共に約0.41。

問題にチャレンジ

> ある両親から連続して男の子が3人生まれた。次の子が男子である確率θの分布を求めよ。ただし、経験的にこの両親の家系で男子が生まれる確率θはベータ分布$Be(3, 2)$に従うことが知られている。また、両親から生まれる男女の性別は、生まれるごとに独立と仮定する。

解 題意から、男子が生まれる人数分布は二項分布$B(3, \theta)$に従うと考えられます。男子が続けて3人生まれたこと、そして事前分布としてベータ分布$Be(3, 2)$が採用できることから、事後分布は公式より次のベータ分布になります。

$$Be(3+3,\ 3-3+2)\ \text{すなわち、}\ Be(6,\ 2) \quad \textbf{答}$$

MEMO　ベータ分布の名の由来

ベータ分布の名は次のベータ関数$Beta(x, y)$との類似から来ています。

$$Beta(x,\ y) = \int_0^1 t^{x-1}(1-t)^{y-1} dt$$

x、yが自然数p、qのとき、次の公式が知られています。これはベータ分布（1）の係数の逆数となります。

$$Beta(p,\ q) = \int_0^1 t^{p-1}(1-t)^{q-1} dt = \frac{(p-1)!(q-1)!}{(p+q-1)!}$$

6.3 二項分布と自然な共役事前分布の有名な応用例

前節§2で調べた「二項分布の自然な共役事前分布がベータ分布である」ことを利用している有名な例を調べてみましょう。それが、出生率や死亡率の算定です。大きさの小さいデータは偶然性のために突出した情報を生みがちですが、ベイズの理論はそれを上手に緩和してくれます。

❖厚生労働省のホームページをのぞいてみると

厚生労働省の発表している市区町村ごとの死亡率の一覧表について、つぎのような「ベイズ推定」のコメントが付け加えられています。

推定 **ベイズ推定**

小地域における生命表作成では、当該小地域内の観測死亡データが少なく、死亡率の推定が困難となる場合が生じるという問題がある。これは、死亡という事象の発生頻度が低い一方、実際の死亡データが1人単位でしか観測できないことによっている。例えば、本来の死亡率を0.05とした場合、人口1万人の地域では本来の死亡数は500人であるが、観測死亡数に1人増減が出たとしても、死亡率推定値は0.0499〜0.0501と本来の死亡率からは0.2%の変動しか起こらない。ところが、人口100人の地域で同様に考えると、観測死亡数1人の増減は死亡率の推定値に0.04〜0.06という変動を与え、本来の死亡率から20%も変動してしまうこととなる。このような場合、観測データ以外にも対象に関する情報を推定に反映させることが可能な**ベイズ推定**が、死亡率推定にあたっての有力な手法となる。

平成22年市区町村別生命表では、市区町村別死亡率の推定にあたり、当該市区町村を含むより広い地域である都道府県、政令指定都市及び東京都特別区部の死亡状況を情報として活用し、これと各市区町村固有の死亡数等の観測データとを総合化して当該市区町村の死亡率を推定するという形でベイズ推定を適用し、生命表を作成している。この

ようにベイズ推定の手法を適用することにより、小地域の死亡率推定に特有な不安定性を緩和し、安定的な死亡率推定を行うことが可能となっているのである。

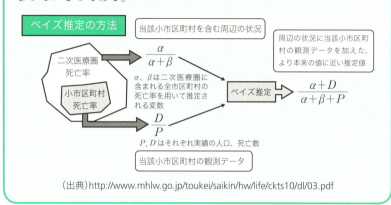

(出典)http://www.mhlw.go.jp/toukei/saikin/hw/life/ckts10/dl/03.pdf

このホームページの解説の意味がすぐに理解できる読者は、ベイズ統計学に慣れ親しんでいる人でしょう。普通なら、この解説に更に詳しい説明が必要なはずです！

❖小さい集団の母数の推定にベイズ統計学が活躍

厚生労働省のホームページの解説にもあるように、100人のA村で一人多く死亡したとしましょう。このとき、A村の死亡率は1%上昇します。一人が指数に大きい影響を及ぼすのです。それに対して、百万都市Cで一人が多く死亡しても、死亡率は$1/1{,}000{,}000 = 0.0001\%$しか上昇しません。小さい母集団のデータを扱うときには、一つの個体が大きな影響を及ぼすことに配慮が必要なのです。

そこでベイズ統計学が利用されます。この厚生労働省のホームページに示されているように、対象母集団が小さく、サンプルのゆらぎが大きいときに、ベイズの論理は威力を発揮します。

❖出生率や死亡率に関するベイズ推定の仕組み

例として挙げたA村の死亡率の話を進めましょう。100人の人口のA村が人口5万人のB郡の中に位置していたとします。

A村がよほど特殊でなければ、それを取り囲むB郡と大きな違いはないはずです。そこで、より大きなB郡のデータを取り込みながら、A村の死亡率を算出するのが上策と考えられます。それを簡単に実現する論理がベイズ統計学です。

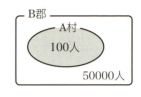

すなわち、事前確率として、より大きなB郡のデータを活用するのです。

❖出生率や死亡率に関するベイズ推定の公式

　ベイズの理論を用いた小集団の出生率や死亡率の公式を示します。これは先の厚生労働省のホームページにも記載されている公式です。

> **公式　死亡率や出生率に関するベイズ推定の公式**
>
> Pを小集団の人数、Dをその小集団の中の該当人数とする。また、この小集団を含む大集団の人数を$\alpha+\beta$、その中の該当数をαとすると、
>
> $$\text{死亡率（または出生率）} \quad \theta = \frac{\alpha+D}{\alpha+\beta+P} \quad (1)$$

　この公式の証明には、ベルヌーイ分布とベータ分布との自然な共役事前分布の関係が用いられます。よい練習になるので証明しましょう。

証明　該当年度の死亡率をθと置きます。
　P、D、α、βの意味については上記公式（1）（すなわち、厚生労働省のホームページの解説）に合わせます。すると、小集団におけるその年の死亡者の予想数は、コインの表が出る回数と同じ考え方から、

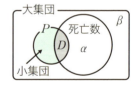

$$_P C_D \theta^D (1-\theta)^{P-D} \quad (2)$$

すなわち、小集団の死亡者数Dは二項分布$B(P, \theta)$に従うのです。そして、Dに実データを代入したθの関数が尤度になります。
　死亡率θの事前分布には、先に調べたように、周りの大集団の死亡率の分布を採用します。(2)を得たのと同様に、この分布は次の式に比例します

$$_{\alpha+\beta} C_\alpha \theta^\alpha (1-\theta)^{\alpha+\beta-\alpha} \propto \theta^\alpha (1-\theta)^\beta$$

すなわち事前分布はベータ分布 $Be(\alpha+1, \beta+1)$ になるのです。よって、事後分布は前節§2の公式（3）から次のように求められます。

$$Be(D+(\alpha+1), (P-D)+(\beta+1)) = Be(\alpha+D+1, P-D+\beta+1)$$

これから死亡率 θ の期待値は、ベータ分布の公式（§6.2の式（2））より、

$$\frac{\alpha+D+1}{(\alpha+D+1)+(P-D+\beta+1)} = \frac{\alpha+D+1}{\alpha+\beta+P+2}$$

一般的に、人口を議論の対象にしているときには α, β は大きな数なので、1や2は無視できます。こうして、推定公式（1）が得られます。以上は死亡率の場合の証明ですが、出生率もまったく同一です。

❖具体的に見てみよう

例題 人口100人のA村では、2010年に4人の子供が生まれた。そのA村を囲む人口5万人のB郡では、この年に100の子供が生まれた。このとき、A村の翌年の出生率をベイズ推定せよ。

解 公式（1）で次の値が対応します。

$$D=4、P=100、\alpha=100、\alpha+\beta=50000$$

公式に代入すると、

$$\text{村Aのベイズ推定による出生率} = \frac{100+4}{50000+100} = \frac{104}{50100} \fallingdotseq 0.002 \quad \textbf{答}$$

このようにして、「100人の村で1年に4人も子供が生まれた」という突出データが修正されるのです。

問題にチャレンジ

> 人口300人のC町では、2014年の交通事故件数が5件であった。そのC村を囲む人口10万人のD市では、この年の交通事故件数は200件であった。このとき、C村の翌年の交通事故件数をベイズ推定せよ。

解 上記の例題と同様に、一人当たりの事故率が求められます。その比率にC町の人口を掛け、予想事故数が計算されます。

$$300 \times \frac{200+5}{100000+300} = \frac{61500}{100300} \fallingdotseq 0.61 \text{件} \quad \textbf{答}$$

6.4 正規分布の自然な共役事前分布（母分散既知の場合）

正規母集団は統計学で最も重要な母集団の一つですが、それに従うデータをベイズ統計学で扱うとき、母平均の自然な共役事前分布は正規分布が担います。本節では、正規母集団の分散は既知としています[*3]。

❖ 正規分布

最初に正規分布について復習しましょう。

> **定義　正規分布の定義と公式**
>
> 確率変数 X の確率分布が次の確率密度関数で表されるとき、X は正規分布 $N(\mu, \sigma^2)$ に従うという。
>
> $$f(x) = \frac{1}{\sqrt{2\pi}\,\sigma} e^{-\frac{(x-\mu)^2}{2\sigma^2}} \quad (1)$$
>
> この確率変数 X の期待値は μ、分散は σ^2 になる。

❖ 正規母集団の母平均の自然な共役事前分布は正規分布

正規母集団から標本を抽出し標本平均 $\overline{x}$ を得たとします。このとき、その母集団の母平均の自然な共役事前分布は次のように正規分布になります。

> **公式　正規分布の自然な共役事前分布の公式（母分散既知）**
>
> 母平均 μ、母分散 σ^2 の正規母集団から大きさ n の標本を抽出し、標本平均 $\overline{x}$ を得たとする。母平均 μ の事前分布として期待値 μ_0、分散 σ_0^2 の正規分布を用いると、μ の事後分布は正規分布になり、その期待値 μ_1、分散 σ_1^2 は次のようになる。
>
> $$\mu_1 = \frac{n\sigma_0^2\,\overline{x} + \sigma^2\mu_0}{n\sigma_0^2 + \sigma^2}, \quad \sigma_1^2 = \frac{\sigma_0^2\sigma^2}{n\sigma_0^2 + \sigma^2} \quad \text{[*4]} \quad (2)$$

[*3] 正規母集団の分散 σ^2 が未知の場合については次節（§6.5）を参照してください。
[*4] この公式については先に5章§5.3でも調べました。

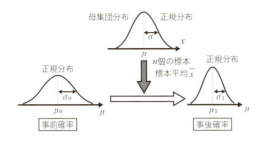

正規分布に従うデータに対して、母平均μの事前分布を正規分布に取ると、事後分布も正規分布になる。

❖公式を証明

公式の意味を理解するために、公式（2）の証明の概要を追って見ましょう[*5]。

正規母集団から大きさnの標本$\{x_1, x_2, \cdots, x_n\}$を得たとき、尤度$f(D\,|\,\mu)$は（1）から次のように求められます。

$$\text{尤度}\,f(D\,|\,\mu) = \frac{1}{\sqrt{2\pi}\,\sigma}e^{-\frac{(x_1-\mu)^2}{2\sigma^2}} \frac{1}{\sqrt{2\pi}\,\sigma}e^{-\frac{(x_2-\mu)^2}{2\sigma^2}} \cdots \frac{1}{\sqrt{2\pi}\,\sigma}e^{-\frac{(x_n-\mu)^2}{2\sigma^2}}$$

指数部をまとめ計算すると、

$$\text{尤度}\,f(D\,|\,\mu) = \left(\frac{1}{\sqrt{2\pi}\,\sigma}\right)^n e^{-\frac{n(\mu-\overline{x})^2+nS^2}{2\sigma^2}} = \left(\frac{1}{\sqrt{2\pi}\,\sigma}\right)^n e^{-\frac{nS^2}{2\sigma^2}}e^{-\frac{n(\mu-\overline{x})^2}{2\sigma^2}} \quad (3)$$

ここでS^2は標本分散で、定数となります。

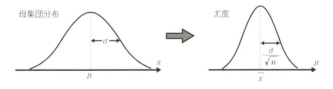

母集団分布と尤度。共に正規分布になるが、変数が異なる。

さて、ここで母数μの事前分布$\pi(\mu)$として、期待値μ_0、分散σ_0^2の正規分布を割り当てましょう。

$$\pi(\mu) = \frac{1}{\sqrt{2\pi}\,\sigma_0}e^{-\frac{(\mu-\mu_0)^2}{2\sigma_0^2}} \quad (4)$$

[*5] 証明の詳細は付録Dを参照してください。

(3) (4) をベイズ統計学の基本公式に代入し、事後分布 $\pi(\mu \mid D)$ を求めます。

$$\pi(\theta \mid D) = \frac{f(D \mid \theta)\pi(\theta)}{P(D)}$$

$$= \frac{1}{P(D)} \left(\frac{1}{\sqrt{2\pi}\,\sigma}\right)^n e^{-\frac{nS^2}{2\sigma^2}} e^{-\frac{n(\mu-\overline{x})^2}{2\sigma^2}} \frac{1}{\sqrt{2\pi}\,\sigma_0} e^{-\frac{(\mu-\mu_0)^2}{2\sigma_0^2}}$$

この指数部を計算し、μ に対して定数となるものを k_1 とまとめると、

$$\pi(\mu \mid D) = k_1 e^{-\frac{(\mu-\mu_1)^2}{2\sigma_1^2}}$$

こうして、事後分布 $\pi(\mu \mid D)$ が正規分布になることがわかりました。ここで μ_1, σ_1^2 は次のように算出されます。これが式 (2) です。

$$\mu_1 = \frac{n\sigma_0^2 \overline{x} + \sigma^2 \mu_0}{n\sigma_0^2 + \sigma^2}, \quad \sigma_1^2 = \frac{\sigma_0^2 \sigma^2}{n\sigma_0^2 + \sigma^2} \qquad \textbf{(証明完)}$$

この公式の使い方については5章§3で調べていますが、更に別の**問題**でこの使い方を調べましょう。

問題にチャレンジ

> 新品種の稲の1粒の籾（もみ）から何個の籾が平均的に収穫できるかを知るために、無作為に20本の苗を抽出した。すると、1粒につき平均620粒の籾が実った。過去のデータから、その籾数は分散 15^2 の正規分布に従うと考えられる。このデータを用いて、1本の稲から取れる籾数の期待値 μ の事後分布を求めよ。なお、経験から μ の事前分布は期待値610、分散 30^2 の正規分布を用いることにする

（解） 公式 (2) において、次の値が対応します。

$$n = 20,\ \sigma^2 = 15^2,\ \overline{x} = 620,\ \mu_0 = 610,\ \sigma_0^2 = 30^2$$

これを (2) 式に代入して、

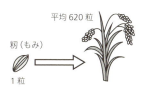

1粒の苗から収穫される籾数は正規分布に従うと仮定できる。

$$\mu_1 = \frac{n\sigma_0^2 \overline{x} + \sigma^2 \mu_0}{n\sigma_0^2 + \sigma^2} = \frac{20 \cdot 30^2 \cdot 620 + 15^2 \cdot 610}{20 \cdot 30^2 + 15^2} = 619.9$$

$$\sigma_1^2 = \frac{\sigma_0^2 \sigma^2}{n\sigma_0^2 + \sigma^2} = \frac{30^2 \cdot 15^2}{20 \cdot 30^2 + 15^2} = 3.3^2$$

以上から、収穫平均籾数μの事後分布は期待値619.9、分散3.3^2の正規分布になることがわかります。**答**

右図は事前分布と事後分布のグラフです。データの取得でピークが鋭くなっていることがわかります。

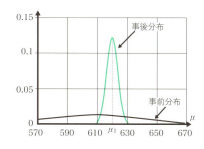

MEMO $\sigma_0^2 > \sigma_1^2$

公式(2)から、次の不等式が必ず成立することに留意してください。

$$\sigma_0^2 > \sigma_1^2$$

実際、次のように簡単に示すことが出来ます。

$$\sigma_0^2 - \sigma_1^2 = \sigma_0^2 - \frac{\sigma_0^2 \sigma^2}{n\sigma_0^2 + \sigma^2} = \frac{n\sigma_0^4}{n\sigma_0^2 + \sigma^2} > 0$$

新たなデータを取得することで、母平均μの「振れ」が小さくなり、事前分布よりも「確信度」が深められることを示します。

6.5 正規分布の自然な共役事前分布（母分散未知の場合）

正規母集団から得られる標本において、前節（§6.4）はその母分散が既知の場合の取り扱い方を調べました。ここでは、母分散が未知の場合について調べましょう。このとき、この未知の母分散の事前分布として「逆ガンマ分布」が利用されます。

❖ 逆ガンマ分布とは

逆ガンマ分布はベイズ統計学の分野以外ではほとんど耳にすることのない確率分布です。以下にその定義と公式をまとめましょう。

定義公式　逆ガンマ分布の定義と公式

逆ガンマ分布 $IGa(\alpha, \lambda)$ は、次の確率密度関数 $IGa(x, \alpha, \lambda)$ で表わされる分布である。

$$IGa(x, \alpha, \lambda) = kx^{-\alpha-1}e^{-\lambda/x} \quad (x>0、kは定数^{*6}) \quad (1)$$

この分布の期待値、分散は次のように与えられる。

$$\left.\begin{array}{l} 期待値：\dfrac{\lambda}{\alpha-1} \quad (\alpha>1のとき) \\[1em] 分散　：\dfrac{\lambda^2}{(\alpha-1)^2(\alpha-2)} \quad (\alpha>2のとき) \end{array}\right\} \quad (2)$$

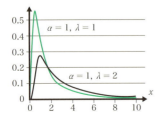

$\alpha=1$、$\lambda=1$、及び $\alpha=1$、$\lambda=2$ の場合についての逆ガンマ分布のグラフ。

---

*6　定数 k は $k = \lambda^\alpha / \Gamma(\alpha)$　（$\Gamma(\alpha)$ はガンマ関数）。なお、文献によっては $1/\lambda$ を β と置き、次の IGamma のようにガンマ分布を定義しています。
$IGamma(x, \alpha, \beta) = kx^{-\alpha-1}e^{-1/\beta x}$

❖正規分布の自然な共役事前分布(母分散未知)

母分散が未知の正規母集団を分析する際、次の定理から、その母分散の自然な共役事前分布には逆ガンマ分布が利用されます。

> **定理 正規分布の自然な共役事前分布の公式(母分散未知)**
>
> 母平均μ、母分散σ^2の正規母集団から大きさnの標本を抽出し、標本平均$\overline{x}$が得られたとする。更に、μ、σ^2の事前分布を各々次のように取る。
>
> $$\text{正規分布 } N\left(\mu_0, \frac{\sigma^2}{m_0}\right), \text{ 逆ガンマ分布 } IGa\left(\frac{n_0+1}{2}, \frac{n_0 S_0}{2}\right) \quad (3)$$
>
> このとき、母平均μ、母分散σ^2の事後分布は次のようになる。
>
> $$\text{正規分布 } N\left(\mu_1, \frac{\sigma^2}{m_1}\right), \text{ 逆ガンマ分布 } IGa\left(\frac{n_1+1}{2}, \frac{n_1 S_1}{2}\right) \quad (4)$$
>
> ここで、
>
> $$\left. \begin{array}{l} \mu_1 = \dfrac{n\overline{x} + m_0 \mu_0}{m_0 + n},\ m_1 = m_0 + n \\[4pt] n_1 = n_0 + n,\ n_1 S_1 = \dfrac{m_0 n}{m_0 + n}(\overline{x} - \mu_0)^2 + nS^2 + n_0 S_0 \\[4pt] nS^2 = (x_1 - \overline{x})^2 + (x_2 - \overline{x})^2 + \cdots + (x_n - \overline{x})^2 \quad (S^2 \text{は標本分散}) \end{array} \right\} \quad (5)$$

母平均も母分散も未知な正規母集団では、母平均については正規分布が、母分散については逆ガンマ分布が自然な共役事前分布になるのです。

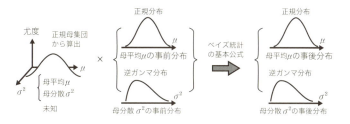

❖公式を確かめてみよう

この定理の意味を調べるために証明の概略を見てみましょう。

証明 正規母集団から抽出された大きさnの標本から、尤度$f(D\mid\mu,\sigma^2)$が次のように得られます（→前節§6.4式(3)、付録G）。

$$f(D\mid\mu,\sigma^2)=\left(\frac{1}{\sqrt{2\pi}\,\sigma}\right)^n e^{-\frac{n(\mu-\overline{x})^2+nS^2}{2\sigma^2}} \tag{6}$$

ここで、$\overline{x}$は標本平均、S^2は標本分散です。

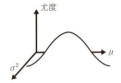

尤度を表す関数には母平均μ、母分散σ^2の二つの変数が含まれている。

次に母数となるμ、σ^2の事前分布として、順に下記(3)の分布をセットします。

正規分布$N\left(\mu_0,\dfrac{\sigma^2}{m_0}\right)$、逆ガンマ分布$IGa\left(\dfrac{n_0+1}{2},\dfrac{n_0 S_0}{2}\right)$[*7] (3)（再掲）

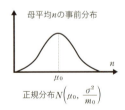

(6)、(3)をベイズ統計学の基本公式に代入し、定数部分を略すると、事後分布$\pi(\mu,\sigma^2\mid D)$は次のように表されます。

$$\pi(\mu,\sigma^2\mid D)\propto\left(\frac{1}{\sqrt{2\pi}\,\sigma}\right)^n e^{-\frac{n(\mu-\overline{x})^2+nS^2}{2\sigma^2}}\frac{1}{\sqrt{2\pi}\,\sigma}e^{-\frac{m_0(\mu-\mu_0)^2}{2\sigma^2}}(\sigma^2)^{-\frac{n_0+1}{2}-1}e^{-\frac{n_0 S_0}{2\sigma^2}}$$

$$\propto\frac{1}{\sigma}e^{-\frac{m_0+n}{2\sigma^2}\left(\mu-\frac{n\overline{x}+m_0\mu_0}{m_0+n}\right)^2}\times(\sigma^2)^{-\frac{n+n_0+1}{2}-1}e^{-\frac{1}{2\sigma^2}\left\{\frac{m_0 n(\overline{x}-\mu_0)^2}{m_0+n}+nS^2+n_0 S_0\right\}} \tag{7}$$

[*7] m_0、n_0、S_0を不自然な位置に設定しているのは、結果を美しくまとめるためです。

ここで、次の置き換えをしてみましょう。

$$\mu_1 = \frac{n\bar{x} + m_0 \mu_0}{m_0 + n}, \quad m_1 = m_0 + n$$

$$n_1 = n_0 + n, \quad n_1 S_1 = \frac{m_0 n}{m_0 + n}(\bar{x} - \mu_0)^2 + nS^2 + n_0 S_0$$

すると、(7) は正規分布 $N\left(\mu_1, \dfrac{\sigma^2}{m_1}\right)$、逆ガンマ分布 $IGa\left(\dfrac{n_1+1}{2}, \dfrac{n_1 S_1}{2}\right)$ の積になっていることがわかります。

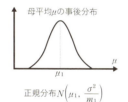

母平均 μ の事後分布

正規分布 $N\left(\mu_1, \dfrac{\sigma^2}{m_1}\right)$

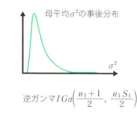

母平均 σ^2 の事後分布

逆ガンマ $IGa\left(\dfrac{n_1+1}{2}, \dfrac{n_1 S_1}{2}\right)$

こうして、本節に示した定理が証明の概略が示されました*8　　　　　**(終)**

MEMO　逆ガンマ分布の名の由来

逆ガンマ分布の名前は、この分布に従う確率変数 X の逆数 $1/X$ が後述するガンマ分布 $Ga(\alpha, \lambda)$（→§6.6）に従うことに由来します。

$$IGa(x, \alpha, \lambda) = \frac{1}{x^2} Ga\left(\frac{1}{x}, \alpha, \gamma\right)$$

なお、$1/x^2$ が付く理由については、付録Eを参照しましょう。

❖例で調べてみよう

パラメータが多く面倒な定理なので、使い方を具体例で調べましょう。

例題　菓子工場で作られる製品Aから抽出された3箱の菓子の内容量が100、102、104(g) とする。このとき、製品Aの母集団の母平均 μ、母分散 σ^2 の事後分布を求めよう。ただし、製品Aの内容量は正規分布に従

＊8　証明の詳細は付録Fを参照してください。

うと仮定できる。なお、これまでの経験で、分散σ^2の事前分布は期待値1、分散1の逆ガンマ分布と仮定できる。また、母平均μの事前分布は期待値が100、分散が製品の分散σ^2の1/3の正規分布と仮定できる。

解 3個（$=n$）のデータD（すなわち100、102、104）の標本平均$\overline{x}$、標本分散S^2は次のように求められます。

$$\overline{x} = 102, \quad 3S^2 = (100-102)^2 + (102-102)^2 + (104-102)^2 = 8 \quad (8)$$

次に、母平均μの事前分布を考えましょう。題意から、この事前分布として次の正規分布が仮定できます。

$$\text{正規分布} \; N\left(\mu_0, \frac{\sigma^2}{m_0}\right) \quad (\text{ここで、} \mu_0 = 100, m_0 = 3) \quad (9)$$

また、母分散σ^2の事前分布は題意から、次のように置けます。

$$\text{逆ガンマ分布} \; IGa\left(\frac{n_0+1}{2}, \frac{n_0 S_0}{2}\right) \quad (10)$$

この期待値と分散は逆ガンマ分布の公式（2）から求められますが、題意と併せて

$$\text{期待値}: \frac{n_0 S_0/2}{(n_0+1)/2 - 1} = 1, \; \text{分散}: \frac{(n_0 S_0/2)^2}{\{(n_0+1)/2 - 1\}^2 \{(n_0+1)/2 - 2\}} = 1$$

これを解いてn_0、S_0の値が次のように得られます。

$$n_0 = 5, \quad S_0 = \frac{4}{5} \quad (11)$$

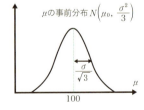 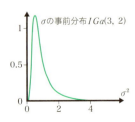

μの事前分布（9）のグラフとσ^2の事前分布（10）のグラフ

こうして、事前分布 (10) が決定されました。すなわち、(10)(11) から、母分散 σ^2 の事前分布は逆ガンマ分布 $IGa(3, 2)$ に設定できるのです。

以上で公式 (4) を利用する準備が出来ました。母平均 μ、母分散 σ^2 の事後分布を求めましょう。公式 (4) から、事後分布は

$$\text{正規分布 } N\left(\mu_1, \frac{\sigma^2}{m_1}\right) \text{ と逆ガンマ分布 } IG\left(\frac{n_1+1}{2}, \frac{n_1 S_1}{2}\right) \quad (12)$$

の積になります。前者が母平均 μ の、後者が母分散 σ^2 の事後分布です。

標本の大きさ $n = 3$ と (8)(9)(11) より、公式 (5) から

$$\mu_1 = \frac{3 \cdot 102 + 3 \cdot 100}{3+3} = 101、m_1 = 3+3 = 6$$

$$n_1 = 5+3 = 8、n_1 S_1 = \frac{3 \cdot 3}{3+3}(102-100)^2 + 8 + 5 \cdot \frac{4}{5} = 18$$

これらを (12) に代入して、求めたい事後分布は次のようになります。

$$\left.\begin{array}{l}\text{母平均}\mu\text{の事後分布}: N\left(101, \dfrac{\sigma^2}{6}\right) \\ \text{母平均}\sigma^2\text{の事後分布}: IGa\left(\dfrac{9}{2}, 9\right)\end{array}\right\} \text{答}$$

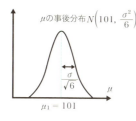
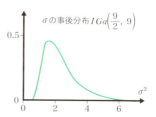

μ と σ^2 の事後分布 (12) のグラフ

ちなみに、分散の事後分布の期待値や分散は、公式 (2) から簡単に算出できます。

問題にチャレンジ

食品工場で作られる製品Aについて、抽出された3本のペットボトルの内容量が100、102、104(g) であった。このとき、製品Aの母集団の母平均μは101と既知とし[*9]、母分散σ^2の事後分布を求めよ。ただし、製品Aの内容量は正規分布に従うと仮定できる。
これまでの経験で、分散σ^2の事前分布は期待値1、分散1の逆ガンマ分布と仮定できる。

解 母平均$\mu=101$より、尤度$f(D\mid\sigma^2)$は (6) から次のように表されます。

$$f(D\mid\sigma^2) \propto \left(\frac{1}{\sqrt{2\pi}\,\sigma}\right)^3 e^{-\frac{nS^2}{2\sigma^2}} \tag{13}$$

ここで、nS^2は次のように計算されます。

$$nS^2 = (100-101)^2+(102-101)^2+(104-101)^2 = 11 \tag{14}$$

母分散σ^2の事前分布として逆ガンマ分布$IG(\alpha, \lambda)$を考えますが、題意からこの分布の期待値は1、分散は1なので、式 (2) を利用して、

$$\alpha=3、\lambda=2 \tag{15}$$

事前分布が逆ガンマ分布$IGa(3, 2)$であることがわかりました。その関数形は (1) から、

$$IGa(\sigma^2, 3, 2) = k(\sigma^2)^{-4} e^{-\frac{2}{\sigma^2}} \tag{16}$$

(13)〜(16) をベイズ統計学の基本公式に代入して、事後分布$\pi(\sigma^2\mid D)$は次のようになります。

$$\pi(\sigma^2\mid D) \propto \left(\frac{1}{\sqrt{2\pi}\,\sigma}\right)^3 e^{-\frac{11}{2\sigma^2}} k(\sigma^2)^{-4} e^{-\frac{2}{\sigma^2}} \propto (\sigma^2)^{-11/2} e^{-\frac{15}{2\sigma^2}}$$

すなわち、σ^2の事後分布はガンマ分布$IGa\left(\dfrac{9}{2}, \dfrac{15}{2}\right)$となるのです[*10]。 **答**

[*9] 母平均が既知と仮定されているので、先の公式 (4) は利用できません。
[*10] この問題を一般化したものが次のMEMOに示す公式です。

6.5 正規分布の自然な共役事前分布(母分散未知の場合)

母分散 σ^2(母平均既知)の自然な共役事前分布

左の**問題**の計算を一般化すると、次の公式が得られます。

公式 母分散 σ^2(母平均既知)の自然な共役事前分布の公式

母平均 μ が既知の正規母集団から大きさ n の標本を抽出し、標本平均 $\overline{x}$、標本分散 S^2 が得られたとする。このとき、母分散 σ^2 の事前分布を

$$\text{逆ガンマ分布} IGa\left(\frac{n_0}{2}, \frac{n_0 S_0}{2}\right) \quad (17)$$

としたとき、母分散 σ^2 の事後分布は

$$\text{逆ガンマ分布} IGa\left(\frac{n_1}{2}, \frac{n_1 S_1}{2}\right) \quad (18)$$

となる。ここで、$nS^2 = (x_1-\mu)^2 + (x_2-\mu)^2 + \cdots + (x_n-\mu)^2$ として[*11]

$$n_1 = n_0 + n, \quad n_1 S_1 = nS^2 + n_0 S_0 \quad (19)$$

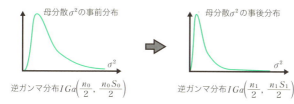

左の**問題**で確かめてみましょう。その題意及び (14) (15) (17) より

$$n=3、nS^2=11、n_0=6、S_0=\frac{2}{3}$$

(19) に代入して、$n_1 = 6+3 = 9$、$n_1 S_1 = 11+4 = 15$
この結果を (18) に代入すると、事後分布は逆ガンマ分布 $IG\left(\frac{9}{2}, \frac{15}{2}\right)$ となり、**問題**の**答**と一致します。

---

*11 nS^2 の定義が (5) と異なることに注意しましょう。

6.6 ポアソン分布の自然な共役事前分布

稀な現象を表現するポアソン分布に従う確率変数をベイズ統計学で扱うとき、自然な共役事前分布としてガンマ分布が便利です。使い方を調べましょう。

❖ポアソン分布

ある現象が一定の時間内に起こる回数の確率分布の表現によく用いられるのが**ポアソン分布**です。例えば、大きな地震の発生現象や近代工場での不良品の発生現象など、稀な現象を調べるときに利用されます。また、スーパーのレジや銀行のATMなどに並ぶ人数の統計解析にも利用されます。

このポアソン分布は次のように定義されます。

> **定義　ポアソン分布**
>
> 次の関数で与えられる確率分布を**ポアソン分布**といい、$P_O(\theta)$と表す。
>
> $$f(x) = \frac{e^{-\theta}\theta^x}{x!} \quad (ただし、\theta > 0, \ x = 0, 1, 2, \cdots) \quad (1)$$
>
> このポアソン分布$P_O(\theta)$の期待値μと分散σ^2は次の式で与えられる。
>
> $$\mu = \theta、\sigma^2 = \theta \text{*12} \quad (2)$$

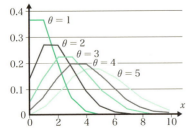

左図は$\theta = 1, 2, \cdots, 5$のポアソン分布のグラフである。なお、xは0以上の整数値をとる。

---

*12 二項分布$B(n, p)$はpが小さいときにポアソン分布で近似できます。

例1 1時間に平均3人がアクセスするホームページがあります。このとき、1時間あたりのアクセス回数xの確率分布は次の関数で表せます。

$$f(x) = \frac{e^{-3} \cdot 3^x}{x!} \quad (x = 0, 1, 2, \cdots)$$

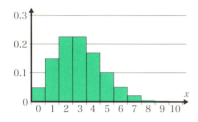

1時間に平均して3人（すなわち$\theta = 3$）がアクセスするホームページのアクセス数の分布。

❖ガンマ分布

ポアソン分布（1）の母数θについて、ベイズ統計学では自然な共役事前分布としてガンマ分布が利用されます。これは次のように定義されます。

> **定義　ガンマ分布**
>
> 確率密度関数$f(x)$が次の関数$Ga(x, \alpha, \lambda)$で与えられる分布を**ガンマ分布**$Ga(\alpha, \lambda)$という。ただし、α, λは正の定数で、$1 \leq \alpha$。
>
> $$Ga(x, \alpha, \lambda) = kx^{\alpha-1}e^{-\lambda x} \quad (0 < x, k\text{は定数}^{*13}) \quad (3)$$
>
> このガンマ分布の期待値μ、分散σ^2は次のようになる。
>
> $$\mu = \frac{\alpha}{\lambda}, \quad \sigma^2 = \frac{\alpha}{\lambda^2} \quad (4)$$

(α, λ)の組が$(1, 2)$、$(2, 1)$、$(2, 3)$の3つの場合について、確率分布のグラフを次のページの最初に示しましょう。

ベータ分布の項に述べたように、ベイズ統計学で事前分布・事後分布に利用される関数は、その形だけが問題であり、実際にその式の意味が問われるのは稀です。

---

*13 定数kは、$k = \lambda^{\alpha}/\Gamma(\alpha)$（$\Gamma(\alpha)$は$\Gamma$関数）。なお、統計解析ソフトのRやExcelでは、$1/\lambda$をβと置いて、次のように定義しています。
$Gamma(x, \alpha, \beta) = kx^{\alpha-1}e^{-x/\beta} \quad (k = 1/\Gamma(\alpha)\beta^{\alpha})$

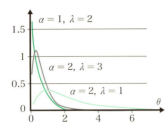

$(α, λ) = (1, 2)、(2, 1)、(2, 3)$の場合についてのガンマ分布のグラフ。

❖ポアソン分布の自然な共役事前分布

ポアソン分布（1）に従う確率変数について、その母数$θ$についての自然な共役事前分布は、先に述べたようにガンマ分布が利用されます。

> **公式　ポアソン分布の自然な共役事前分布**
>
> ポアソン分布$f(x) = \dfrac{e^{-θ}θ^x}{x!}$　（ただし、$θ > 0$、$x = 0, 1, 2, \cdots$）に従うn個のデータ$x_1, x_2, \cdots, x_n$について、$θ$*14の事前分布としてガンマ分布$Ga(α_0, λ_0)$をとると、その事後分布は$Ga(α_1, λ_1)$になる。ここで、
>
> $$α_1 = α_0 + n\overline{x}、λ_1 = λ_0 + n　（\overline{x}はデータの平均値）\quad (5)$$

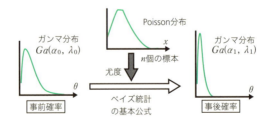

ガンマ分布はポアソン分布の自然な共役事前分布

次の例題で、この公式が成立する意味を確かめてみましょう。

例題1　ある都市の3日間の交通事故死亡者数を調べたところ、0人、1人、2人であった。このデータから1日の交通事故死亡者数の期待値$θ$の

---

*14　公式（2）に示したように、母数$θ$はポアソン分布の期待値及び分散になります。

事後分布を求めよ。ちなみに、去年の1日の交通事故死亡者数の平均値は1人、分散は1^2であった。

解 交通事故死亡者数はポアソン分布$P_o(\theta)$に従うと考えます。すると、この3日間の交通事故数が実現する確率は、公式（1）の変数xに0、1、2を代入して、各々次のように求められます。

$$\frac{e^{-\theta}\theta^0}{0!}、\frac{e^{-\theta}\theta^1}{1!}、\frac{e^{-\theta}\theta^2}{2!}$$

ここで、θはこの分布の母数（パラメータ）で、1日の交通事故死亡者数の期待値を示します。すると、尤度は次のように求められます。

$$尤度 = \frac{e^{-\theta}\theta^0}{0!}\frac{e^{-\theta}\theta^1}{1!}\frac{e^{-\theta}\theta^2}{2!} \propto e^{-3\theta}\theta^3 \tag{6}$$

次に事前分布を考えます。事前分布として、去年の平均値（= 1）と分散（= 1^2）を持つガンマ分布$Ga(1, 1)$を採用してみましょう。(3)(4)から、

$$事前分布 = e^{-\theta} \tag{7}$$

ベイズ統計学の基本公式に、以上の結果（6）、（7）を代入します。

$$事後分布 \propto e^{-3\theta}\theta^3 \times e^{-\theta} = \theta^{4-1}e^{-4\theta}$$

この分布はガンマ分布$Ga(4, 4)$です。**答**

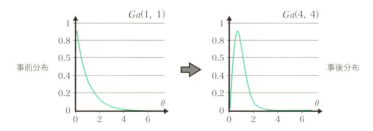

この **例題1** から、ガンマ分布がポアソン分布の自然な共役事前分布になっていることが確かめられました。$Ga(1, 1)$が$Ga(4, 4)$に更新されたのです。これを一般化したのが先の公式（5）です。

❖例題で確認

例題2 例題1 を公式（5）で解いてみよう。

解 公式（5）において、この例題で該当する数は

$$n=3、\bar{x}=\frac{0+1+2}{3}=1、\alpha_0=1、\lambda_0=1$$

事後分布を $Ga(\alpha_1, \lambda_1)$ とすると、公式（5）から、

$$\alpha_1=1+3\times 1=4、\lambda_1=1+3=4$$

よって、事後分布はガンマ分布 $Ga(4, 4)$ **答**

例題1 と同じ結論が得られました。

問題にチャレンジ

> あるホームページへの1時間のアクセス数を無作為に4回計測すると、3、1、4、0回であった。このデータから、1時間のアクセス数の期待値 θ の事後分布を求めよ。ちなみに、以前計測した結果から、1時間のアクセス数は期待値2回、分散は 1^2 のガンマ分布で表せるので、それを事前分布とする。

解 公式（5）において、この例題で該当する数は

$$n=4、\bar{x}=\frac{3+1+4+0}{4}=2、\alpha_0=4、\lambda_0=2$$

事後分布を $Ga(\alpha_1, \lambda_1)$ とすると、公式（5）から、

$$\alpha_1=4+4\times 2=12、\lambda_1=2+4=6$$

よって、事後分布はガンマ分布 $Ga(12, 6)$ **答**

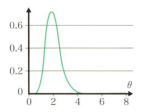

事後分布 $Ga(12, 6)$ のグラフ。公式（4）から期待値は2。

第7章

階層ベイズ法とMCMC法

　単純な統計モデルでは扱えないデータに対しても柔軟に対応できる理論が21世紀に入って広く普及しました。その一つが階層ベイズ法です。古典的な統計モデルでは分析できなかった統計データにも、ベイズ統計学は容易に対応することができるのです。ただし、計算が面倒になり、コンピュータとの連携は不可欠です。その連携相手がMCMC法です[*1]。

[*1] 本章は理論の解説を重視するため、**問題**は付与しません。

7.1 古典的統計モデルと最尤推定法

古典的な統計モデルでは分析が困難なデータがあります。その典型的な例を見てみましょう。

❖最尤推定法の復習

統計モデルのパラメータ（母数）を調べるのに便利なのが「最尤推定法」です（→1章§1.5）。現代でも、共分散構造分析（SEM）の中心的なパラメータ決定法として活躍している技法です。次の 例題1 で復習しましょう。

例題1 A大学に通う大学生100人を無作為に抽出し、各人に2者択一の問題10問を解いてもらった。その結果が次の資料である[*2]。

学生番号	1	2	3	4	5	⋯	i	⋯	99	100
点数	5	8	1	9	6	⋯	a_i	⋯	3	9

集計したところ、正解数の人数分布は次の通りになった。

正解数	0	1	2	3	4	5	6	7	8	9	10
人数	1	2	4	9	17	23	22	13	5	3	1

「各問につき学生は共通の解答能力q（$0 \leqq q \leqq 1$）を持つ」という統計モデルを用いて、この表からその能力qを求めてみよう。

解 1問についての解答能力qを利用して、番号iの学生が10問中a_i点を取る確率p_iは次のように記述されます。

$$p_i = {}_{10}\mathrm{C}_{a_i} q^{a_i}(1-q)^{10-a_i} \tag{1}$$

したがって、この資料から得られる確率L_1（すなわち尤度関数（→1章§1.5））は、100人の学生についてこれら（1）を掛け合わせて得られます。

$$\begin{aligned}L_1 &= p_1 \cdot p_2 \cdot p_3 \cdots p_{99} \cdot p_{100} \\ &= {}_{10}\mathrm{C}_5 q^5(1-q)^5 \cdot {}_{10}\mathrm{C}_8 q^8(1-q)^2 \cdots {}_{10}\mathrm{C}_3 q^3(1-q)^7 \cdot {}_{10}\mathrm{C}_9 q^9(1-q)\end{aligned}$$

[*2] 100人の正解数の全資料は付録Aに掲載しました。

学生番号	1	2	...	i	...	100
点数	5	8	...	a_i	...	9
点を取る確率	$p_1 =$ $_{10}C_5 q^5(1-q)^5$	$p_2 =$ $_{10}C_8 q^8(1-q)^2$		$p_i =$ $_{10}C_{a_i} q^{a_i}(1-q)^{10-a_i}$		$p_{100} =$ $_{10}C_9 q^9(1-q)$

これらの積が尤度関数 L_1

q に関係しない数を定数とし、計算してみましょう。

$$L_1 = 定数 \times q^{5+8+1+\cdots+3+9} \times (1-q)^{5+2+9+\cdots+7+1}$$
$$= 定数 \times q^{0\cdot1+1\cdot2+2\cdot4+\cdots+9\cdot3+10\cdot1} \times (1-q)^{10\cdot1+9\cdot2+8\cdot4+\cdots+1\cdot3+0\cdot1}$$
$$= 定数 \times q^{520} \times (1-q)^{480} \qquad (2)$$

このグラフを描いてみましょう（右図）。図からこの資料が得られる確率が最も高い共通解答能力 q は次の値であることがわかります。

$q = 0.52 \qquad (3)^{*3}$

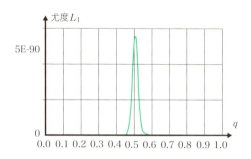

これが最尤推定法による答です。 **答**

こうして得られた共通解答能力 $q = 0.52$ を用いると、(1) から点 j を取る学生数の予測が算出できます。

$$点 j を取る学生の予測数 = 100(人) \times {}_{10}C_j q^j (1-q)^{10-j}$$

各点について予測数を算出し、実際の人数と対照して表に示しましょう。

点	0	1	2	3	4	5	6	7	8	9	10
人数	1	2	4	9	17	23	22	13	5	3	1
予測数	0.1	0.7	3.4	9.9	18.8	24.4	22.0	13.6	5.5	1.3	0.1

---

*3 (3) の正確な値は微分法（→節末 MEMO）やベータ分布の公式（→6章§6.2）、Excel（→1章§1.5）から求められます。

この予想数の分布を実際の人数に重ねてグラフとして描いてみましょう（右図）。「各学生が共通の解答能力qを持つ」という統計モデルと最尤推定法の組み合わせは実際のデータをよく分析していることが分かります。

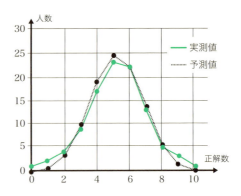

　先の予測数の表から期待値と分散を求め、実際の資料から得られる値と比較した表を作成してみましょう。まずまずの一致を得ています。

	平均値（期待値）	分散
実測値	5.2	3.3
予測値	5.2	2.5

❖最尤推定法では説明のつかないデータがある

　単純なモデルを用いた最尤推定法は、多くの資料に対して有効な分析法ですが、残念ながら万能では在りません。次の 例題2 を見てみましょう。この 例題2 は 例題1 と人数分布が異なっています。

例題2　A大学に通う大学生100人を無作為に抽出し、各人に2者択一の問題10問を解いてもらった。その結果が次の資料である[*4]。

学生番号	1	2	3	4	5	...	i	...	99	100
点数	3	10	0	9	7	...	a_i	...	1	2

集計したところ、正解数の人数分布は次の通りになった。

正解数	0	1	2	3	4	5	6	7	8	9	10
実人数	10	12	11	7	6	5	7	8	10	13	11

　1問につき学生は共通の解答能力q（$0 \leq q \leq 1$）を持つ、という統計モデルを用いて、この表からその能力qを求めてみよう。

　この例題についても、 例題1 と全く同様に議論を進めることが出来ます。

[*4]　100人の正解数の全資料は付録Aを参照。

例題1 で用いた式（1）を利用し、資料が得られる確率（すなわち尤度関数）L_2 は、次のように求められます。

$$L_2 = p_1 \cdot p_2 \cdots p_{99} \cdot p_{100}$$
$$= {}_{10}C_3 q^3(1-q)^7 \cdot {}_{10}C_{10} q^{10} \cdots {}_{10}C_1 q(1-q)^9 \cdot {}_{10}C_2 q^2(1-q)^8$$

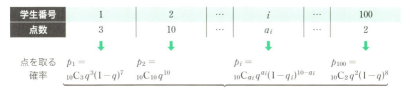

指数部を計算してみましょう。

$$L_2 = 定数 \times q^{0\cdot10+1\cdot12+2\cdot11+\cdots+9\cdot13+10\cdot11} \times (1-q)^{10\cdot10+9\cdot12+8\cdot11+\cdots+1\cdot13+0\cdot11}$$
$$= 定数 \times q^{515} \times (1-q)^{485}$$

このグラフを描いたのが右図です。図からこの資料が得られる最も確率の高い共通解答能力 q は次の値であることがわかります。

$$q = 0.52 \quad (4)$$

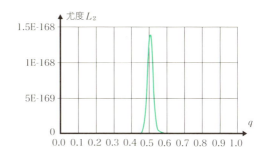

これが最尤推定法の答です[*5]。　**答**

こうして得られた共通解答能力 $q = 0.52$ を用いると、例題1 のときと同様、点 j を取る学生数の予測が算出できます。

$$点j を取る学生の予測数 = 100(人) \times {}_{10}C_j q^j(1-q)^{10-j}$$

各点について予測数を算出し、実際の数と対照して表にしてみましょう。

正解数	0	1	2	3	4	5	6	7	8	9	10
実人数	10	12	11	7	6	5	7	8	10	13	11
予測数	0.1	0.8	3.7	10.3	19.2	24.5	21.7	13.2	5.2	1.2	0.1

＊5　（3）の正確な値は微分法（→節末〔メモ〕）やベータ分布の公式（→6章§2）、Excel（→1章§5）などから求められます。

この予想数の分布を、実際の人数の分布に重ねてグラフにしてみましょう（右図）。グラフからわかるように、「各学生が共通の解答能力qを持つ」という統計モデルと最尤推定法の組み合わせは実際のデータを分析していないことが分かります。一つの共通のパラメータでデータすべてを説明するという単純な統計モデルは分析に失敗しているのです。

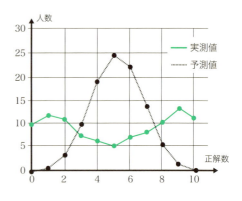

　上の表から期待値と分散を求め、実際の資料から得られる値と比較してみましょう。分散において、計算値と実測値が合わないことに気付きます。

	平均値（期待値）	分散
実測値	5.1	11.9
予測値	5.2	2.5

実測値の分散と予測値の分散が合わない！

❖過分散

　単純なモデルでも、平均値を実測値に一致させるのは比較的容易です。しかし、分散まで一致させようとすると、困難が生じることがあります。良い統計モデルは平均値と分散の両方を一致させなければならないのですが、それを簡単なモデルで実現するのは容易ではないのです。

　上記 例題2 のように、実際の分散が理論値よりも大きくなる現象を**過分散**といいます。統計解析でよく現れる現象です。

❖階層ベイズモデルの登場

　例題2 で最尤推定法の計算値が実際のデータを説明できないのは、「共通の解答能力qを持つ」という単純モデルがこのデータ分析に適合しないためです。そこで、複雑なモデルを用いてみましょう。例えば、学生は「共通の解答能力」と「個別能力」を持つと仮定するのです。簡単にいえば、大学Aの学生に共通する能力と、個々の学生が持つ能力との和が、その大

学の各学生の「解答能力q」になると考えるのです。

統計学はシンプルなモデルからデータを説明するのが目標です。このように「データの個性を認める」データ分析は従来の統計学では考えられませんでした。しかし、ベイズ統計学の手法を用いると、それが可能になる場合があります。それが**階層ベイズ法**です。次節から、その統計モデルを構築してみましょう。

MEMO 対数尤度

統計学の計算は対数を用いると楽になることがあります。特に、尤度関数(ベイズ統計学では尤度)についてそれが当てはまります(→1章§1.5)。

尤度関数(ベイズ統計学では尤度)について、自然対数を取った関数を**対数尤度**といいます(→1章§1.5)。例えば、式(2)の自然対数をとってみましょう。

$$\ln L_1 = \ln\{定数 \times q^{520} \times (1-q)^{480}\}$$
$$= 520\ln q + 480\ln(1-q) + 定数$$

この形ならば微分するのも楽です。実際、導関数は次のように簡単になります。

$$(\ln L_1)' = \frac{520}{q} - \frac{480}{1-q}$$

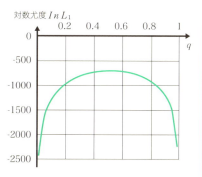

これから、$\ln L_1$の最大値を実現する$q=0.52$が簡単に得られます。

1章で調べたように、対数尤度の最大値を実現するqと元の尤度関数の最大値を実現するqは同じ値です。そこで、対数尤度から求めたqの値が最尤推定法の解として採用できるのです。この性質は本章の計算でもフルに利用されます。

7.2 階層ベイズ法の考え方

単純な統計モデルでは対応できないデータに対して、パラメータを増やして対応するという考え方が生まれました。その一つの方向が共分散構造分析（SEM）でしょう。現代では、更に別の方向の選択が可能になっています。それが階層ベイズ法です。

❖階層ベイズ法

たくさんのデータを少ない母数（パラメータ）で記述しようとするのが統計学の目標の一つです。単純化することでデータの本質が見やすくなるからです。しかし、少ないパラメータでは対応できないデータもたくさんあります。例えば、前節（→§1）の 例題2 には古典的な最尤推定法が適用できませんでした。100人の学生に対して「共通の解答能力 q を持つ」という統計モデルがあまりに単純であったためです。

そこで、個体ごとにパラメータを用意し、それらを事前分布で縛るというアイデアが考案されました。それが**階層ベイズ法**と呼ばれる統計モデルです。ベイズ統計学の考え方とコンピュータの発展とのコラボレーションで実現された統計解析手法です。

階層ベイズ法は母数（パラメータ）をた・く・さ・ん用意した統計モデルをまず作成し、それで各個体の個性を取り込みます。これは、絵を描くとき、2、3本の筆で描くよりも多くの筆で描いた方が、写実しやすいという事情に似ています。

筆の数が多いほど、絵が緻密に描きやすい。階層ベイズの発想はこれに似ている。

しかし、母数を単純に増やしただけでは、統計分析は出来ません。個々のデータを独立に分析したのと同じになってしまうからです。そこで、導入した多数の母数を事前分布で縛るのです。ここで「ベイズ統計学の基本定理」が生かされます。たくさん用意した母数から尤度を算出し、事前分布をそれに掛けて事後分布を得るのです。こうして、母数に「足かせ」がはめられた事後確率が得られるわけです。これが「階層ベイズ法」のアイデアです。

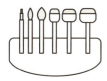

統計モデルを描く筆を束ねる「紐」に事前分布を用いる。こうしてパラメータ*6（母数）に統一性を持たせる。

❖ハイパーパラメータ

以上の考え方を一般的に式で表現してみましょう。

統計モデルを規定する「たくさんのパラメータ（母数）」をまとめてθで表わすことにします。すると、尤度$f(D \mid \theta)$がこの統計モデルから算出できます（Dはデータです）。このとき、θについての何かしらの見識があるとし、それが確率分布$g(\theta \mid \alpha)$で表わされたとします。αはθの分布を規定する母数群です。すると、母数θの事後分布$\pi(\theta, \alpha \mid D)$が「ベイズ統計学の基本公式」（→4章§1）から次のように求められます（$P(D)$は周辺尤度）。

$$\pi(\theta, \alpha \mid D) = \frac{f(D \mid \theta)g(\theta \mid \alpha)}{P(D)} \tag{1}$$

こうして得られる「事後分布」$\pi(\theta, \alpha \mid D)$を利用してデータ分析をしようというのが、階層ベイズ法のスタンスです。

たくさんのパラメータθの分布$g(\theta \mid \alpha)$を規定する新たな母数群αを、「統計モデルのパラメータ」を規定するパラメータということで、**ハイパーパラメータ**と呼びます。統計モデルを規定する多数の母数について、その事前の知識や経験を取り込み、動きを制限する超パラメータの役割をハイパーパラメータが演じることになるのです。

---

*6 本章では統計モデルを規定する母数を「パラメータ」と表記します。

ベイズの定理は何段階にも繰り返し使えます。これはベイズ更新的なアイデアですが、その考え方は階層ベイズ法にそのまま利用できます。ハイパーパラメータのハイパーパラメータを考えることができるのです。例えば、上の式（1）のハイパーパラメータ$α$がパラメータ$β$で規定される確率分布$h(α|β)$に従っているとすると、式（1）は更に次のように表現し直せます。

$$\pi(\theta, α, β \mid D) = \frac{f(D \mid \theta)g(\theta \mid α)h(α \mid β)}{P(D)} \qquad (2)$$

ハイパーパラメータ$α$のハイパーパラメータが$β$になるのです。

以上のようにして、複雑な統計モデルのパラメータを何段も重ねた確率分布を考え、自由にデータを分析するというのが階層ベイズ法の考え方です。

事後分布の中身：
- 母数（パラメータ）で表わされた確率分布（尤度）
- 母数（パラメータ）の事前分布
- ハイパーパラメータの事前分布
- 更に、ハイパーパラメータの事前分布
- ……

階層ベイズは地層構造
階層ベイズ法は、ベイズの定理を用いてモデルを多層構造にしてデータ分析する。これが階層ベイズ法の「美味しい」理由である。

このような自由なモデルを作り統計解析に活かせるようになったのは、ひとえにコンピュータの発展のおかげです。20世紀末の頃から、机の上のパソコンで複雑な計算が高速にできるようになったことが、階層ベイズ法が普及し始めた大きな理由です。

> **MEMO　共分散構造分析**
>
> SEM(Structural Equation Modeling) ともいわれます。統計モデルにたくさんのパラメータを許し、最尤推定法でそれらの値を決定するという多変量解析の手法です。階層ベイズ法とは異なる方向性の分析術ですが、多くのパラメータを許容し、現代のコンピュータの発達を利用して複雑な計算をこなすという点では、似た統計解析の手法です。

7.3 階層ベイズ法の具体例

前節では、階層ベイズ法の考え方を一般的に示しました。しかし、それでは雲をつかむ話になってしまうので、ここでは具体例を調べます。その中で、階層ベイズ法の理解を深めましょう。

❖ 具体例で調べる

前節で調べた階層ベイズ法の考え方を次の具体例で調べましょう。この例は§7.1の 例題2 （下に再掲）と同じ内容ですが、今度は階層ベイズ法を適用してみます。

> 例題　A大学に通う大学生100人を無作為に抽出し、各人に2者択一の問題10問を解いてもらった。その結果が次の資料である[*7]。

学生番号	1	2	3	4	5	…	i	…	99	100
点数	3	10	0	9	7	…	a_i	…	1	2

集計したところ、正解数の人数分布は次の通りになった。

正解数	0	1	2	3	4	5	6	7	8	9	10
実人数	10	12	11	7	6	5	7	8	10	13	11

各学生が1問を解く解答能力を q_i $(0 \leq q_i \leq 1、i = 1, 2, 3, 100)$ とし、それが学生の「共通能力」と各学生の「個別能力」から成り立つことを仮定する統計モデルを階層ベイズ法で構築せよ。

§1の 例題2 の古典的な解法では、学生に共通なただ一つの「解答能力」 q $(0 \leq q \leq 1)$ を仮定する単純な統計モデルを採用し、その単純性が分析結果を失敗に導いたのです。ここでは、階層ベイズで再挑戦するわけです。

階層ベイズ法では、まずパラメータを乱発します。すなわち、学生一人ひとりに「解答能力」q_i を発行するのです。「そんなことをして収拾がつくのか？」と心配になりますが、それを救うのがベイズ流の考え方とコンピュータの計算力です。乱発したパラメータを背後から事前分布で統率できます。そして、机上のパソコンの力を借りれば、パラメータ乱発から生ま

[*7] 100人の正解数の全資料は付録Aを参照。

れる膨大な計算を現実化できます。

　例題 の題意に示すように、ここでは更に細かいモデルを作りましょう。学生の解答能力q_iを更に「学生共通の能力」部分と「各学生の個別能力」部分の合体と考えることにするのです。このように、きめ細かいモデリングが出来るのも階層ベイズ法の大きな特徴です[*8]。

❖ 統計モデルをつくる

　それでは、以上のシナリオに従って、モデルを構築しましょう。

　今述べたように、階層ベイズ法では番号iの学生に、解答能力q_iを個々別々に与えることができます。すなわち、次の表のように、1～100番の各々の学生に異なる問題解決能力qを仮定するのです[*9]。

学生番号	1	2	3	…	i	…	100
正解数	a_1	a_2	a_3	…	a_i	…	a_{100}
能力	q_1	q_2	q_3	…	q_i	…	q_{100}

　これら解答能力q_1、q_2、…、q_i、…、q_{100}を用いると、番号iの学生が正解数a_iをとる確率p_iは次のように求められます（→§7.1の式（1））。

$$p_i = {}_{10}C_{a_i} q_i^{a_i}(1-q_i)^{10-a_i} \quad (1)$$

　ここで、次の条件が付けられていることに留意しましょう。

$$0 \leq q_1 \leq 1、0 \leq q_2 \leq 1、…、0 \leq q_i \leq 1、…、0 \leq q_{100} \leq 1 \quad (2)$$

[*8] 同一得点の学生は同一の「個別能力」を持つことを仮定します。
[*9] 例題の資料から、$a_1 = 3$、$a_2 = 10$、$a_3 = 0$、…、$a_{100} = 2$です。

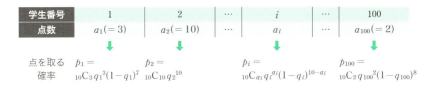

すると、§7.1 の式（2）と同様にして、尤度 L が次のように求められます。

$$L = p_1 \cdot p_2 \cdot p_3 \cdots p_{99} \cdot p_{100}$$
$$= {}_{10}C_3 q_1^3 (1-q_1)^7 \cdot {}_{10}C_{10} q_2^{10} \cdots {}_{10}C_{a_i} q_i^{a_i} (1-q_i)^{10-a_i}$$
$$\cdots {}_{10}C_2 q_{100}^2 (1-q_{100})^8 \tag{3}$$

❖ロジットモデルを利用して尤度を表現

題意に従い、番号 i の学生の解答能力 q_i を「学生共通の能力」部分と「各学生の個別能力」部分に分けることにします。これからは、順に「共通能力」、「個別能力」と略記することにしましょう。

その準備として、次の変数変換をします。

$$q_i = \frac{1}{1+e^{-\beta-\gamma_i}} \tag{4}$$

ここで β は「共通能力」を、γ_i は「個別能力」を表すと考えます。

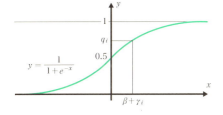

変換式（4）のグラフ。
（4）で変換された学生の能力 $\beta+\gamma_i$ がどのような値をとっても（2）の条件を満たす。

このグラフからわかるように、q_i は自動的に（2）の条件を満たしています。すなわち、（4）の変数変換を施すと、β や γ_i について（2）のような面倒な制限をつける必要が無くなり、数学的に大変扱いやすい形になるのです。

この(4)のように変換した統計モデルを**ロジットモデル**と呼びます。統計学でよく利用されるモデルです。

❖事前分布を仮定

式(4)は学生番号iの学生の能力q_iを単純に共通能力βと個別能力γ_iで表しただけで、統計モデルとしての統一性が在りません。これらに縛りを加えモデルとしての意味を与えるために、ベイズ統計学の基本定理を活用します。すなわち、前節(§7.2)の「考え方」で調べたように、これら確率変数β、γ_i $(i=1, 2, \cdots, 100)$に「事前分布」を設定するのです。いまは一般的に、次のように記述しておきましょう。

$$\beta の事前分布 = \pi(\beta \mid \sigma_\beta^2)、\gamma_i の事前分布 = \pi(\gamma_i \mid \sigma^2) \quad (5)$$

σ_β^2はβの事前分布を決めるハイパーパラメータ、σ^2もγ_iの事前分布を決めるハイパーパラメータです[*10]。

(5)のγ_iの事前分布において、σ^2がiに依らず共通であることに留意してください。この共通のσ^2でパラメータγ_1、γ_2、$\cdots$、γ_{100}を縛っているのです。

さて、ハイパーパラメータもベイズ統計学では確率変数として解釈されます。ハイパーパラメータσ_β^2、σ^2の事前分布を一般的に次のように表現しておきましょう。

$$\sigma_\beta^2 の事前分布 = \pi_\beta(\sigma_\beta^2)、\sigma^2 の事前分布 = \pi(\sigma^2) \quad (6)$$

❖事後分布の算出

ベイズ統計学の基本公式から、事後分布は、尤度と事前分布の積に比例します。(3)〜(6)をまとめ、それらの積を作ってみましょう。こうして

[*10] ハイパーパラメータについては前節(§7.2)を参照。ハイパーパラメータとしてσ_β^2、σ^2の形を用いたのは、後に事前分布の形を決める分散として利用することを想定したためです。

得られる次の (7) (8) が、本節の例題に対する階層ベイズ法の結論の式です。テストの点数のデータ (a_1、a_2、…、a_{100}) から得られる事後分布の式なのです。

> **式 例題分析の出発点**
>
> 事後分布 $\pi(\beta, \gamma_1, \gamma_2, \cdots, \gamma_{100}, \sigma_\beta^2, \sigma^2 \mid a_1, a_2, \cdots, a_{100})$
> $= kf(a_1 \mid \beta, \gamma_1, \sigma^2)f(a_2 \mid \beta, \gamma_2, \sigma^2)\cdots f(a_{100} \mid \beta, \gamma_{100}, \sigma^2)$
> $\quad \times \pi(\beta \mid \sigma_\beta^2)\pi_\beta(\sigma_\beta^2)\pi(\sigma^2)$ (7)
>
> ここで k[*11] は正の定数、$a_1, a_2, \cdots, a_{100}$ は各学生の正解数、$f(a_i \mid \beta, \gamma_i, \sigma^2)$ $(i = 1, 2, \cdots, 100)$は次のように定義される。
>
> $$f(a_i \mid \beta, \gamma_i, \sigma^2) = {}_{10}C_{a_i} q_i^{a_i}(1-q_i)^{10-a_i}\pi(\gamma_i \mid \sigma^2) \quad (8)$$
>
> ここで、$q_i = \dfrac{1}{1+e^{-\beta-\gamma_i}}$ (4)(再掲)

新たに導入した関数 $f(a_i \mid \beta, \gamma_i, \sigma^2)$ と得点表との関係を図に示しましょう。

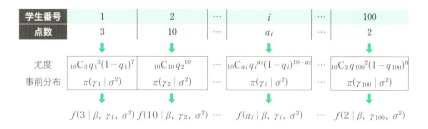

[*11] 比例定数 k は周辺尤度の逆数です。

7.4 階層ベイズ法をMCMC法により計算

階層ベイズ法は統計モデルを支えるパラメータ（母数）をたくさん用意することで、柔軟なデータ分析を可能にします。しかしその代わりに、パラメータが増えた分、積分計算が困難になります。ここでは、その面倒な積分計算を現実的に実行できるMCMC法を用いて、階層ベイズ法を実行することにします。

❖ MCMC法とは

確率分布が確率密度関数で表されている場合、期待値や分散を求めるには積分計算が必要です。また、ベイズ統計学の事後分布の算出には周辺尤度を求めねばならないですが、その算出にも積分が現れます。統計分析には積分計算が不可欠なのです。

ところで、階層ベイズ法はパラメータを乱発しています。そのため積分変数の数が膨大になり、積分計算は容易ではなくなります。そこで、その積分を現実的に行える方法が求められます。その方法の一つがMCMC法 (Markov chain Monte Carlo methods) です。確率密度関数を有限の点列で代表させ、積分をその点列の和に置き換えて計算する技法です。

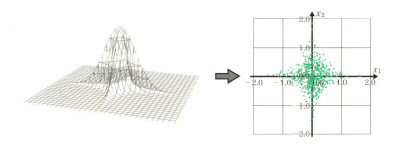

MCMC法は確率密度関数をその値に比例した密度の点で表現し、積分を有限点列の和として計算する技法。左図は $y = \exp(-x_1^2 x_2^2 - x_1^2 - x_2^2)$ のグラフを描いているが、MCMC法でその関数値に比例して点を発生させている。

MCMC法の考え方は簡単です。それは国民の意見を調査するのに似てい

ます。国民全体の意見を知るには、日本の各地域から調査対象者をサンプリングしますが、その際に土地の面積に比例するのではなく、人口密度に比例して人を選び出すのが合理的です。こうして得られた意見を集約すれば、少数のモニターから国民全体の意見が効率的に推定できるからです。

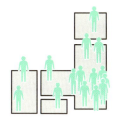

日本全国の考え方を知るには、人口に比例して各地域からモニターを抽出（サンプリング）し意見を聞き取る。MCMC法はこのアイデアを模している。

MCMC法も同様に考えます。いま確率変数θについて確率密度関数$f(\theta)$が与えられているとします。このとき、ある統計量$S(\theta)$の期待値を求めることを考えてみましょう。（ここでθは複数の変数を集約した表現と考えてください。）その期待値は次のような積分で表せます。

$$S(\theta)の期待値 = \int_\theta S(\theta)f(\theta)d\theta \tag{1}$$

さて、確率密度関数$f(\theta)$の大きい所にあるθからは多くの点を、小さい所にあるθからは少ない点を合計N個サンプリングしてみます。

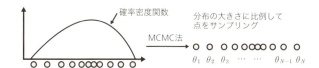

こうして得られた点列$\{\theta_1, \theta_2, \theta_3, \cdots, \theta_N\}$について、$S(\theta)$の値の平均値をとってみましょう。

$$\frac{1}{N}\{S(\theta_1) + S(\theta_2) + S(\theta_3) + \cdots + S(\theta_N)\} \tag{2}$$

先の国民調査のアナロジーから理解できるように、この平均値 (2) は (1) の「$S(\theta)$の期待値」の積分をよく近似しているはずです。すなわち、

> **公式** **MCMC法による積分計算式**
>
> $$\int_\theta S(\theta)f(\theta)d\theta \fallingdotseq \frac{1}{N}\{S(\theta_1)+S(\theta_2)+S(\theta_3)+\cdots+S(\theta_N)\} \quad (3)$$

　これがMCMC法と呼ばれる積分の近似論です。

　階層ベイズ法ではたくさんの確率変数に関する積分計算が求められます。MCMC法はそのための強力な武器です。多くの変数を抱える関数も、有限個のサンプリングの点列の和に置き換えて簡単に計算できるからです。

　MCMC法の詳細については付録に譲り（→付録G）、ここでは式（3）で用いる次の点列（4）が得られているとします。

$$\{\theta_1,\ \theta_2,\ \theta_3,\ \cdots,\ \theta_N\} \quad (4)$$

❖前節までの確認と事前分布のセット

　では、MCMC法を利用して階層ベイズ法で得た事後分布を料理することにします。具体例として前節（→§7.3）の 例題 を利用します。以下にその概要を再掲します。

例題 A大学に通う大学生100人を無作為に抽出し、各人に2者択一の問題10問を解いてもらった。その結果が次の資料である。

正解数	0	1	2	3	4	5	6	7	8	9	10
実人数	10	12	11	7	6	5	7	8	10	13	11

各学生が1問を解く解答能力を q_i（$0 \leq q_i \leq 1$、$i = 1, 2, 3, 100$）とし、それらが「学生の共通能力」部分と「各学生の個別能力」部分から成り立つことを仮定する統計モデルを用いて、統計分析してみよう[*12]。

　前節（§7.3）のおさらいをしましょう。

　まず能力q_iに対して、次の変換を施しました。

$$q_i = \frac{1}{1+e^{-\beta-\gamma_i}} \quad (i = 1, 2, 3, \cdots, 100) \quad (5)$$

βは「共通能力」を、γ_iは各学生の「個別能力」を表しています。これ

[*12] 正解数が同じ学生は同一の能力を有すると仮定するので、ここでは人数分布表のみを示しました。

ら確率変数β、γ_iに対して、階層ベイズ法から次の事後分布を得ました。

> **式　例題分析の出発点**
>
> 事後分布 $\pi(\beta, \gamma_1, \gamma_2, \cdots, \gamma_{100}, \sigma_\beta{}^2, \sigma^2 \mid a_1, a_2, \cdots, a_{100})$
> $= k f(a_1 \mid \beta, \gamma_1, \sigma^2) f(a_2 \mid \beta, \gamma_2, \sigma^2) \cdots f(a_{100} \mid \beta, \gamma_{100}, \sigma^2)$
> $\quad \times \pi(\beta \mid \sigma_\beta{}^2) \pi_\beta(\sigma_\beta{}^2) \pi(\sigma^2)$ 　　(6)
>
> ここでkは正の定数、$a_1, a_2, \cdots, a_{100}$は各学生の正解数、$f(a_i \mid \beta, \gamma_i, \sigma^2)$ $(i=1, 2, \cdots, 100)$は次のように定義される。
>
> $f(a_i \mid \beta, \gamma_i, \sigma^2) = {}_{10}C_{a_i} q_i{}^{a_i} (1-q_i)^{10-a_i} \pi(\gamma_i \mid \sigma^2)$ 　　(7)

$\pi(\beta \mid \sigma_\beta{}^2)$、$\pi(\gamma_i \mid \sigma^2)$は順に$\beta$、$\gamma_i$の事前分布であり、$\sigma_\beta{}^2$、$\sigma^2$は順に$\beta$、$\sigma^2$の事前分布を決めるハイパーパラメータです。また、これらハイパーパラメータ$\sigma_\beta{}^2$、σ^2の事前分布を順に$\pi_\beta(\sigma_\beta{}^2)$、$\pi(\sigma^2)$としています。

復習はこれ位にして、実際に計算が出来るように、具体的に事前分布の形を決定しましょう。まず、βの事前分布$\pi(\beta \mid \sigma_\beta{}^2)$ですが、扱いやすい次の正規分布を充てましょう。

$$\beta\text{の事前分布} \pi(\beta \mid \sigma_\beta{}^2) = \frac{1}{\sqrt{2\pi} \times 10} e^{-\frac{\beta^2}{2 \times 10^2}} \quad (8)$$

ここで、分散$\sigma_\beta{}^2$を10^2と決めています。資料に含まれる個体数が100と少ないので、あまり未知のパラメータを増やすのは得策ではないからです。(結果として、$\sigma_\beta{}^2$の事前分布$\pi_\beta(\sigma_\beta{}^2)$は考えません。)

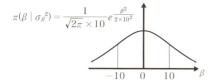

βの事前分布$\pi(\beta \mid \sigma_\beta{}^2)$。共通能力については何も事前情報が無いので、ゆったりとした縛りを課すだけにした分布を採用した。

個別能力γ_iの事前分布$\pi(\gamma_i \mid \sigma^2)$についても、扱いやすいよう正規分布を仮定しましょう。

$$\gamma_i \text{の事前分布} \pi(\gamma_i \mid \sigma) = \frac{1}{\sqrt{2\pi}\,\sigma} e^{-\frac{\gamma_i^2}{2\sigma^2}} \tag{9}$$

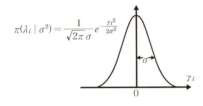

γ_iの事前分布$\pi(\gamma_i \mid \sigma^2)$。$\gamma_i$の分散$\sigma^2$は$i$に依らず共通であることが大切。

最後に、事前分布（9）で導入したγ_iのハイパーパラメータσ^2の事前分布について考えます。ここでは、σ^2は負にならないという特徴を生かすために、次のなだらかなガンマ分布を用いることにします（→6章§7.6）。

$$\pi(\sigma^2) = Ga(\sigma^2,\ 1,\ 0.2) = k_G e^{-\sigma^2/0.2} \quad (k_G\text{は定数}) \tag{10}$$

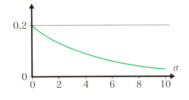

σ^2の事前分布ガンマ分布$Ga(\sigma, 1, 0.2)$のグラフ。確率変数が負にならない場合の事前分布としてガンマ分布がよく利用される。
（この（10）は指数分布とも呼ばれる。）

以上で、すべての事前分布のセットが完了しました[*13]。

❖設定の確認

以上の設定（8）〜（10）を、階層ベイズ法の結論の式（6）（7）に代入してみましょう。すると、これまでの結果が次のようにまとめられます。

> **式　MCMC法で計算する具体式**
>
> 各学生の持つ解決能力q_iは（5）のように表せると仮定する。このとき、i番目の学生の正解数をa_iとしたとき、パラメータ$\beta, \sigma, \gamma_1, \gamma_2,\ \cdots, \gamma_{100}$の事後分布は次のように表せる。

[*13] このようなモデル設定が妥当かどうかは、結果として得られた予測値が実測値を上手に説明できるかどうかで検証されます。

事後分布 $\pi(\beta, \sigma, \gamma_1, \gamma_2, \cdots, \gamma_{100} | a_1, a_2, \cdots, a_{100})$
$= kf(a_1 | \beta, \gamma_1, \sigma^2)f(a_2 | \beta, \gamma_2, \sigma^2)\cdots f(a_{100} | \beta, \gamma_{100}, \sigma^2)$
$\times \dfrac{1}{\sqrt{2\pi} \times 10} e^{-\frac{\beta^2}{2 \times 10^2}} Ga(\sigma^2, 1, 0.2)$ (11)

ここでkは正の定数であり、$f(a_i | \beta, \gamma_i, \sigma^2)$は次のように定義される。

$$f(a_i | \beta, \gamma_i, \sigma^2) = {}_{10}\mathrm{C}_{a_i} q_i^{a_i}(1-q_i)^{10-a_i} \dfrac{1}{\sqrt{2\pi}\,\sigma} e^{-\frac{\gamma_i^2}{2\sigma^2}} \tag{12}$$

❖MCMC法で計算

MCMC法を用いて事後分布（11）から情報を引き出しましょう。それには、まず事後分布（11）からMCMC法によってサンプリングされた点列を得る必要があります。その点列は（4）のように得られているものとします[*14]。

最初に、共通の解答能力βの事後分布の様子を見てみましょう。

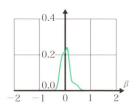

共通の解答能力βの事後分布。サンプリングされた点列の度数分布として見られる（→付録H）。

このβの期待値を算出してみましょう。これは次の積分を実行することで得られます。

$$\int_\theta \beta\pi(\beta, \sigma, \gamma_1, \gamma_2, \cdots, \gamma_{100} | a_1, a_2, \cdots, a_{100})d\theta$$

θはβ、σ、γ_1、γ_2、…、γ_{100}のすべてを表すとします。大変そうな積分ですが、MCMC法の公式（3）を用いれば簡単に得られます。

$$共通の解答能力\beta の期待値 = 0.1 \text{[*15]} \tag{13}$$

[*14] サンプリングの具体的方法については付録G、Hを参照してください。
[*15] この計算法については付録Hを参照してください。

次に、個別能力γ_iの確率分布の広がりを示すハイパーパラメータである分散σ^2の平方根σ（＝標準偏差）について、その事後分布の様子を見てみましょう。

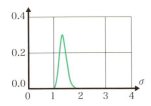

γ_iの事前分布となる正規分布を規定する分散の平方根（標準偏差）σの事後分布（→付録H）。

(13)を得たのと同様にして、σの期待値は次のように得られます。

$$\sigma\text{の期待値} = 1.4$$

更に、得点$i(i = 0, 1, 2, \cdots, 10)$をとらせる得点能力$r_i$の事後分布を見てみましょう。正解数の多い得点能力$r_i$は右方向に分布を移動しています。

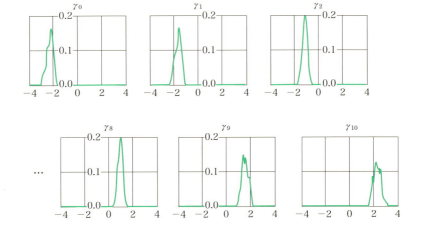

得点$i(i = 0, 1, 2, \cdots, 10)$をとらせる得点能力$r_i$の事後分布。解答能力が高いほど、得点能力の値$r$の分布は右に移動（→付録H）。

得点$i(i = 0, 1, 2, \cdots, 10)$をとらせる得点能力$r_i$の期待値を（13）を得たのと同様に算出してみましょう。

7.4 階層ベイズ法をMCMC法により計算

正解数	0	1	2	3	4	5	6	7	8	9	10
個別能力γ	-2.3	-1.6	-1.2	-0.8	-0.4	-0.1	0.3	0.6	1.0	1.5	2.1

当然、正解数の多い個別能力γ_iの期待値は大きくなっています。階層ベイズ法で注目すべきことは、このようにデータ1個1個の個性を表すパラメータ(母数)についても、具体的な数値化がなされるということです。

最後に、正解数kを取る学生が1題につき解く能力q_k ($k = 0, 1, \cdots, 10$) の期待値について調べましょう。この能力q_kはいま算出した能力β、γ_kと式(5)で結ばれています。

正解数k	0	1	2	3	4	5	6	7	8	9	10
期待能力q	0.1	0.2	0.3	0.3	0.4	0.5	0.6	0.7	0.8	0.8	0.9

10問中の正解数がkの能力の平均は$k/10$なので、算出された能力q_kの値はほぼこれに一致しています。

この能力q_kから100人の得点分布の予測値を算出してみましょう。

正解数	0	1	2	3	4	5	6	7	8	9	10
実人数	10	12	11	7	6	5	7	8	10	13	11
予想人数	5.7	10.3	11.0	10.1	9.0	8.4	8.9	10.1	11.0	10.1	5.5

この表を右のようにグラフにしてみます。データの傾向が追えています。

また、この表から期待値と分散を求めましょう。

	平均	分散
実データ	5.1	11.9
計算値	5.0	9.0

§7.1の 例題2 の 解 で調べた単一能力qを仮定したときに比べて、分散の値は大きく改善されています。

以上が、階層ベイズ法で作成した統計モデルを、MCMC法を用いて計算した結果です。可能性が大きい方法であることが了解されたと思います。

付録A 7章の§7.1、7.3の例題のデータ

7章の議論では、人数分布だけが理論の中で利用されているので、個票データは不要ですが、参考までに掲載しておきます。

§7.1の例題1 の正解数の表

5	8	1	9	6	4	3	5	7	6
6	8	5	6	5	7	6	4	6	4
7	2	6	6	9	4	3	5	6	7
4	6	5	7	6	8	4	7	4	5
5	3	6	7	5	0	3	5	6	3
7	2	5	4	6	7	5	4	7	6
4	5	4	5	3	5	10	7	6	4
5	2	6	6	8	6	4	1	4	3
6	5	7	4	2	5	8	6	7	5
3	5	4	5	6	4	5	5	3	9

§7.1の例題2 §7.3の例題 の正解数の表

3	10	0	9	7	8	3	8	1	3
8	10	2	7	1	10	2	0	6	10
2	8	10	0	9	9	0	9	3	7
6	1	8	8	1	2	10	5	2	1
5	9	4	9	10	7	1	0	10	9
1	6	0	10	8	10	4	0	5	10
5	1	10	6	2	10	0	7	0	3
9	7	4	10	5	2	8	3	6	9
0	9	3	0	2	9	1	7	2	8
9	6	7	0	4	6	4	1	1	2

付録B ベイズ統計で利用される Excel 関数

本書の計算では、統計に関与する人のほとんどが利用するアプリケーションであるマイクロソフト Excel を用いました。用いた統計関数と用法についてまとめます。

◆ 統計関数

Excel関数	意味
AVERAGE	平均値、期待値を求める。
VAR.P	分散を求める。
SUMPRODUCT	確率分布の表から期待値、分散を計算。
MODE	最頻値を求める。
RAND	0から1までの一様乱数を作成する。
FACT	階乗値を計算。
COMBIN	二項係数を計算。
NORM.DIST	正規分布の値を求める。
NORM.INV	正規分布の累積分布関数の逆関数値を求める。
BINOM.DIST	二項分布の値を求める。
POISSON.DIST	ポアソン分布の値を求める。
BETA.DIST	ベータ分布の値を求める。
GAMMA.DIST	ガンマ分布の値を求める。ただし、本書で用いた λ はその逆数がパラメータとして用いられる。

◆ 用法例

上記関数を利用した用法例を示してみましょう。

統計関数など	作成法
正規乱数	NORM.INV(RAND(), 期待値, 標準偏差)と指定。
逆ガンマ分布	$\text{GAMMA.DIST}(1/x,\ \alpha,\ \beta)/x^2$ と計算。

付録C 一般的な線形回帰モデルの事後分布の算出

5章§5.7では回帰分析について、ベイズの理論の考え方を調べました。ここではそれを一般化しましょう。

いま3変量y、x、uがあり、n個のデータ(y_1, x_1, u_1)、(y_2, x_2, u_2)、…、(y_n, x_n, u_n)が得られているとします。これらデータDに対して、yを目的変量とする線形回帰モデルを考えます（$\hat{y}$については5章§5.7を参照）。

$$\hat{y} = a + bx + cu \tag{1}$$

実測値yと予測値$\hat{y}$との差（**残差**）をε（$= y - \hat{y}$）と置くと、回帰方程式（1）は次のように表現されます。

$$y = a + bx + cu + \varepsilon$$

εが平均値0、分散σ^2の正規分布に従うことを仮定しましょう。すると、x、y、uは次の確率密度関数の表す分布に従うことになります。

$$f(x, u, y \mid a, b, c) = \frac{1}{\sqrt{2\pi}\,\sigma} e^{-\frac{(y - a - bx - cu)^2}{2\sigma^2}} \tag{2}$$

❖尤度の算出

式（2）から、尤度$f(D \mid a, b, c)$は次のように求められます。

$$\begin{aligned}
&f(D \mid a, b, c) \\
&= \frac{1}{\sqrt{2\pi}\,\sigma} e^{-\frac{(y_1 - a - bx_1 - cu_1)^2}{2\sigma^2}} \frac{1}{\sqrt{2\pi}\,\sigma} e^{-\frac{(y_2 - a - bx_2 - cu_2)^2}{2\sigma^2}} \cdots \frac{1}{\sqrt{2\pi}\,\sigma} e^{-\frac{(y_n - a - bx_n - cu_n)^2}{2\sigma^2}} \\
&\propto e^{-\frac{(y_1 - a - bx_1 - cu_1)^2 + (y_2 - a - bx_2 - cu_2)^2 + \cdots + (y_n - a - bx_n - cu_n)^2}{2\sigma^2}} \propto e^{-\frac{1}{2\sigma^2}{}^t(Y - X\alpha)(Y - X\alpha)}
\end{aligned} \tag{3}$$

ここで、行列X、Y、αは次のように定義します[1]。

$$Y = \begin{pmatrix} y_1 \\ y_2 \\ \cdots \\ y_n \end{pmatrix},\ X = \begin{pmatrix} 1 & x_1 & u_1 \\ 1 & x_2 & u_2 \\ \cdots & \cdots & \cdots \\ 1 & x_n & u_n \end{pmatrix},\ \alpha = \begin{pmatrix} a \\ b \\ c \end{pmatrix} \tag{4}$$

---

[1] 以下では、小文字のギリシャ文字α、μ_0、μ_1はベクトルを表します。

❖ 事前分布の設定

母数 a、b、c の事前分布 $\pi(a, b, c)$ について調べてみましょう。それら母数は期待値が各々 a_0、b_0、c_0 分散が σ_{a0}^2、σ_{b0}^2、σ_{c0}^2 の正規分布に従うと仮定します。すると、$\pi(a, b, c)$ は次のように表せます。

$$\pi(a, b, c) \propto e^{-\frac{1}{2}{}^t(\alpha-\mu_0)\Sigma_0^{-1}(\alpha-\mu_0)} \tag{5}$$

μ_0、Σ_0 は次のように定義されています[*2]。

$$\mu_0 = \begin{pmatrix} a_0 \\ b_0 \\ c_0 \end{pmatrix}, \quad \Sigma_0 = \begin{pmatrix} \sigma_{a0}^2 & 0 & 0 \\ 0 & \sigma_{b0}^2 & 0 \\ 0 & 0 & \sigma_{c0}^2 \end{pmatrix}$$

❖ 事後分布の算出

母数 a, b, c の事後分布 $\pi(a, b, c \mid D)$ は、ベイズ統計の「基本公式」に (3)〜(5) を代入して、次のように求められます。

$$\pi(a, b, c \mid D) \propto f(D \mid a, b, c)\pi(a, b, c)$$
$$\propto e^{-\frac{1}{2\sigma^2}{}^t(Y-X\alpha)(Y-X\alpha)} e^{-\frac{1}{2}{}^t(\alpha-\mu_0)\Sigma_0^{-1}(\alpha-\mu_0)} \tag{6}$$

指数部分をまとめ、計算してみましょう。

$$(6) \text{ の指数部} = -\frac{1}{2\sigma^2}{}^t(Y-X\alpha)(Y-X\alpha) - \frac{1}{2}{}^t(\alpha-\mu_0)\Sigma_0^{-1}(\alpha-\mu_0)$$

$$= -\frac{1}{2\sigma^2}({}^tY - {}^t\alpha\,{}^tX)(Y-X\alpha) - \frac{1}{2}({}^t\alpha - {}^t\mu_0)\Sigma_0^{-1}(\alpha-\mu_0)$$

$$= -\frac{1}{2}\left[\frac{1}{\sigma^2}({}^tYY - {}^tYX\alpha - {}^t\alpha\,{}^tXY + {}^t\alpha\,{}^tXX\alpha) \right.$$
$$\left. + {}^t\alpha\Sigma_0^{-1}\alpha - {}^t\alpha\Sigma_0^{-1}\mu_0 - {}^t\mu_0\Sigma_0^{-1}\alpha + {}^t\mu_0\Sigma_0^{-1}\mu_0\right]$$

$$= -\frac{1}{2}\left[{}^t\alpha\left(\frac{{}^tXX}{\sigma^2} + \Sigma_0^{-1}\right)\alpha \right.$$
$$\left. - {}^t\alpha\left(\frac{{}^tXY}{\sigma^2} + \Sigma_0^{-1}\mu_0\right) - \left(\frac{{}^tYX}{\sigma^2} + {}^t\mu_0\Sigma_0^{-1}\right)\alpha + C\right] \tag{7}$$

C は母数 a, b, c に関係しない定数をまとめた値です。
定数行列 Σ_0、Σ_1 が対称行列なので次の式が成立します。

[*2] 行列の左肩の t は転置行列 (transposed matrix) を表します。

$$^t\left(\frac{^tXY}{\sigma^2}+\sum\nolimits_0^{-1}\mu_0\right)=\frac{^tYX}{\sigma^2}+{}^t\mu_0{}^t\sum\nolimits_0^{-1}=\frac{^tYX}{\sigma^2}+{}^t\mu_0\sum\nolimits_0^{-1} \quad (8)$$

ここで、新たな定数の行列 Σ_1 を次のように定義してみましょう。

$$\sum\nolimits_1^{-1}=\frac{^tXX}{\sigma^2}+\sum\nolimits_0^{-1} \quad (9)$$

これら (8)、(9) を用いると、(7) 式 (すなわち (6) の指数部) は次のように変形できます。

$$\begin{aligned}
(6)\text{ の指数部}&=-\frac{1}{2}\left[{}^t\alpha\sum\nolimits_1^{-1}\alpha-{}^t\alpha\sum\nolimits_1^{-1}\sum\nolimits_1\left(\frac{^tXY}{\sigma^2}+\sum\nolimits_0^{-1}\mu_0\right)\right.\\
&\quad\left.-\left(\frac{^tYX}{\sigma^2}+{}^t\mu_0\sum\nolimits_0^{-1}\right)\sum\nolimits_1\sum\nolimits_1^{-1}\alpha\right]+C\\
&=-\frac{1}{2}\left[{}^t\alpha\sum\nolimits_1^{-1}\alpha-{}^t\alpha\sum\nolimits_1^{-1}\left\{\sum\nolimits_1\left(\frac{^tXY}{\sigma^2}+\sum\nolimits_0^{-1}\mu_0\right)\right\}\right.\\
&\quad\left.-{}^t\left\{\sum\nolimits_1\left(\frac{^tXY}{\sigma^2}+\sum\nolimits_0^{-1}\mu_0\right)\right\}\sum\nolimits_1^{-1}\alpha\right]+C \quad (10)
\end{aligned}$$

ここで μ_1 を次のように定義しましょう。

$$\mu_1=\sum\nolimits_1\left(\frac{^tXY}{\sigma^2}+\sum\nolimits_0^{-1}\mu_0\right)$$

すると (10) は次のようにまとめられます。

$$\begin{aligned}
(6)\text{ の指数部}&=-\frac{1}{2}\left[{}^t\alpha\sum\nolimits_1^{-1}\alpha-{}^t\alpha\sum\nolimits_1^{-1}\mu_1-{}^t\mu_1\sum\nolimits_1^{-1}\alpha\right]+C\\
&=-\frac{1}{2}\left[({}^t\alpha-{}^t\mu_1)\sum\nolimits_1^{-1}(\alpha-\mu_1)\right]+C' \quad (C'\text{ は定数})\\
&=-\frac{1}{2}{}^t(\alpha-\mu_1)\sum\nolimits_1^{-1}(\alpha-\mu_1)+C'
\end{aligned}$$

これを (6) に戻し、事後分布の形が求められます。

$$\pi(a,\ b,\ c\,|\,x,\ u,\ y)\propto e^{-\frac{1}{2}{}^t(\alpha-\mu_1)\sum_1^{-1}(\alpha-\mu_1)} \quad (11)$$

これは分散共分散行列が Σ_1 の多変量正規分布です。

以上の議論は説明変数が2変量の回帰方程式（1）から出発しましたが、その2変量という特性は利用していません。行列で表現された（11）は一般的に成立する式なのです。公式化してみましょう。

式　線形回帰分析の回帰係数の事後分布の公式

n 個のデータ $D(y_i, x_{i1}, x_{i2}, \cdots, x_{ik})$ $(i=1, 2, \cdots, n)$ に対して、

$$\text{回帰方程式：}\hat{y}=a_0+a_1x_1+a_2x_2+\cdots+a_kx_k$$

を考える。母数 a_i $(i=0, 1, 2, \cdots, k)$ が期待値 a_{i0}、分散 σ_{i0}^2 の正規分布に従うとすると、事前分布 $\pi(a_0, a_1, \cdots, a_k)$ は次のように表せる。

$$\pi(a_0, a_1, \cdots, a_k) \propto e^{-\frac{1}{2}{}^t(\alpha-\mu_0)\Sigma_0^{-1}(\alpha-\mu_0)}$$

ここで、下記のように行列を定義している。

$$\alpha = \begin{pmatrix} a_0 \\ a_1 \\ \cdots \\ a_k \end{pmatrix},\ \mu_0 = \begin{pmatrix} a_{00} \\ a_{10} \\ \cdots \\ a_{k0} \end{pmatrix},\ \Sigma_0 = \begin{pmatrix} a_{00}^2 & 0 & \cdots & 0 \\ 0 & a_{10}^2 & \cdots & 0 \\ \cdots & \cdots & \cdots & \cdots \\ 0 & 0 & \cdots & a_{k0}^2 \end{pmatrix}$$

このとき、残差 ε が分散 σ_2 の正規分布に従うとき、事後分布 $\pi(a_0, a_1, \cdots, a_k \mid D)$ は分散共分散行列が Σ_1 の多変量正規分布となる。すなわち、

$$\pi(a_0, a_1, \cdots, a_k \mid D) \propto e^{-\frac{1}{2}{}^t(\alpha-\mu_1)\Sigma_1^{-1}(\alpha-\mu_1)}$$

ここで、

$$\mu_1 = \Sigma_1\left(\frac{{}^tXY}{\sigma^2}+\Sigma_0^{-1}\mu_0\right),\ \Sigma_1^{-1} = \frac{{}^tXX}{\sigma^2}+\Sigma_0^{-1}$$

$$Y = \begin{pmatrix} y_1 \\ y_2 \\ \cdots \\ y_n \end{pmatrix},\ X = \begin{pmatrix} 1 & x_{11} & \cdots & x_{1k} \\ 1 & x_{21} & \cdots & x_{2k} \\ \cdots & \cdots & \cdots & \cdots \\ 1 & x_{n1} & \cdots & x_{nk} \end{pmatrix}$$

付録D　正規母集団の標本平均の扱い方（母分散既知のとき）

6章§6.4では、母分散既知の正規母集団から得られた標本を扱うとき、母平均の自然な共役事前分布が正規分布であるという下記の定理を、簡略な形で証明しました。ここでは詳しく証明してみましょう。

> **公式　正規分布の自然な共役事前分布の公式（母分散既知）**
>
> 母平均μ、母分散σ^2の正規母集団から大きさnの標本を抽出し、標本平均$\bar{x}$を得たとする。母平均μの事前分布として期待値μ_0、分散σ_0^2の正規分布にとるとき、μの事後分布は正規分布$N(\mu_1,\ \sigma_1^2)$になる。ここで、
>
> $$\mu_1 = \frac{n\sigma_0^2 \bar{x} + \sigma^2 \mu_0}{n\sigma_0^2 + \sigma^2},\quad \sigma_1^2 = \frac{\sigma_0^2 \sigma^2}{n\sigma_0^2 + \sigma^2} \qquad (1)$$
>
> ただし、母分散σ^2は既知とする。

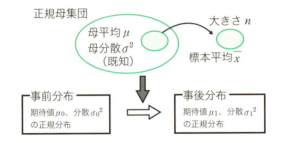

❖自然な共役事前分布として正規分布を設定

母平均μの事前分布$\pi(\mu)$として、期待値μ_0、分散μ_0^2の正規分布を仮定します。

$$\pi(\mu) = \frac{1}{\sqrt{2\pi}\,\sigma_0} e^{-\frac{(\mu-\mu_0)^2}{2\sigma_0^2}} \qquad (2)$$

❖ 正規母集団から得られた大きさnの標本の尤度

正規母集団の母平均μ、母分散σ^2とします。このとき、母集団分布$f(x)$は次のように表現できます。

$$f(x) = \frac{1}{\sqrt{2\pi}\,\sigma} e^{-\frac{(x-\mu)^2}{2\sigma^2}} \quad (\sigma^2 \text{は既知の定数}) \tag{3}$$

大きさnの標本$D = \{x_1, x_2, \cdots, x_n\}$を得たとき、尤度$f(D \mid \mu)$は確率の乗法定理から（3）を用いて次のように表せます。

$$\begin{aligned}
\text{尤度}\,f(D \mid \mu) &= \frac{1}{\sqrt{2\pi}\,\sigma} e^{-\frac{(x_1-\mu)^2}{2\sigma^2}} \frac{1}{\sqrt{2\pi}\,\sigma} e^{-\frac{(x_2-\mu)^2}{2\sigma^2}} \cdots \frac{1}{\sqrt{2\pi}\,\sigma} e^{-\frac{(x_n-\mu)^2}{2\sigma^2}} \\
&= \left(\frac{1}{\sqrt{2\pi}\,\sigma}\right)^n e^{-\frac{(x_1-\mu)^2}{2\sigma^2} - \frac{(x_2-\mu)^2}{2\sigma^2} - \cdots - \frac{(x_n-\mu)^2}{2\sigma^2}}
\end{aligned} \tag{4}$$

eの指数部の計算をしてみましょう。

$$\begin{aligned}
(4)\,\text{の}e\text{の指数部} &= -\frac{1}{2\sigma^2}\{(x_1-\mu)^2 + (x_2-\mu)^2 + \cdots + (x_n-\mu)^2\} \\
&= -\frac{1}{2\sigma^2}\{n\mu^2 - 2(x_1 + x_2 + \cdots + x_n)\mu + (x_1^2 + x_2^2 + \cdots + x_n^2)\} \\
&= -\frac{1}{2\sigma^2}\left[n\left\{\mu^2 - 2\frac{1}{n}(x_1 + x_2 + \cdots + x_n)\mu\right\} + (x_1^2 + x_2^2 + \cdots + x_n^2)\right] \\
&= -\frac{1}{2\sigma^2}\left[n(\mu^2 - 2\overline{x}\mu) + (x_1^2 + x_2^2 + \cdots + x_n^2)\right]
\end{aligned} \tag{5}$$

$\overline{x}$は標本平均であり、次のように定義されます。

$$\overline{x} = \frac{1}{n}(x_1 + x_2 + \cdots + x_n)$$

（5）を平方完成しましょう。

$$(4)\,\text{の}e\text{の指数部} = -\frac{1}{2\sigma^2}\left[n(\mu - \overline{x})^2 - n\overline{x}^2 + (x_1^2 + x_2^2 + \cdots + x_n^2)\right] \tag{6}$$

ここで、次の有名な公式を利用します（→1章§1.4）。

$$\frac{1}{n}(x_1{}^2+x_2{}^2+\cdots+x_n{}^2)-\overline{x}^2 = S^2 \quad (S^2\text{は標本分散}) \tag{7}$$

標本分散S^2とは次のように定義される統計量です。

$$S^2 = \frac{1}{n}\{(x_1-\overline{x})^2+(x_2-\overline{x})^2+\cdots+(x_n-\overline{x})^2\}^{*3}$$

(7) を (6) に代入して

$$(4)\text{の}e\text{の指数部} = -\frac{1}{2\sigma^2}\left[n(\mu-\overline{x})^2+nS^2\right]$$

これを (4) に戻して、

$$\text{尤度}f(D\mid\mu) = \left(\frac{1}{\sqrt{2\pi}\,\sigma}\right)^n e^{-\frac{n(\mu-\overline{x})^2+nS^2}{2\sigma^2}} \tag{8}$$

こうして、尤度$f(D\mid\mu)$が得られました[*4]。

❖事後分布を求めよう

ベイズ統計学の基本定理に (2)、(8) を適用して、事後分布$\pi(\mu\mid D)$は次のように表せます。$P(D)$は周辺尤度です。

$$\left.\begin{array}{l}\pi(\mu\mid D) = \dfrac{1}{P(D)}\left(\dfrac{1}{\sqrt{2\pi}\,\sigma}\right)^n e^{-\frac{n(\mu-\overline{x})^2+nS^2}{2\sigma^2}} \dfrac{1}{\sqrt{2\pi}\,\sigma_0} e^{-\frac{(\mu-\mu_0)^2}{2\sigma_0^2}} \\[2mm] P(D) = \displaystyle\int_{-\infty}^{\infty}\left(\dfrac{1}{\sqrt{2\pi}\,\sigma}\right)^n e^{-\frac{n(\mu-\overline{x})^2+nS^2}{2\sigma^2}} \dfrac{1}{\sqrt{2\pi}\,\sigma_0} e^{-\frac{(\mu-\mu_0)^2}{2\sigma_0^2}} d\mu \end{array}\right\} \tag{9}$$

μに関して定数とみなせるものを定数k_0とまとめて、

$$\pi(\mu\mid D) = k_0 e^{-\frac{n(\mu-\overline{x})^2}{2\sigma^2}} e^{-\frac{(\mu-\mu_0)^2}{2\sigma_0^2}} = k_0 e^{-\frac{n(\mu-\overline{x})^2}{2\sigma^2}-\frac{(\mu-\mu_0)^2}{2\sigma_0^2}} \tag{10}$$

この式 (10) の指数部の計算をしてみましょう。

$$\text{式 (10) の指数部} = -\frac{n(\mu-\overline{x})^2}{2\sigma^2} - \frac{(\mu-\mu_0)^2}{2\sigma_0^2}$$

[*3] 不偏分散でないことに注意。
[*4] この式 (8) は6章§6.4、6.5の計算に利用しています。

$$= -\frac{n\sigma_0^2(\mu-\overline{x})^2 + \sigma^2(\mu-\mu_0)^2}{2\sigma^2\sigma_0^2}$$

$$= -\frac{(n\sigma_0^2+\sigma^2)\mu^2 - 2(n\sigma_0^2\overline{x}+\sigma^2\mu_0)\mu + (n\sigma_0^2\overline{x}^2+\sigma^2\mu_0^2)}{2\sigma^2\sigma_0^2}$$

$$= -\frac{n\sigma_0^2+\sigma^2}{2\sigma_0^2\sigma^2}\left(\mu - \frac{n\sigma_0^2\overline{x}+\sigma^2\mu_0}{n\sigma_0^2+\sigma^2}\right)^2 - \frac{n(\mu_0-\overline{x})^2}{2(n\sigma_0^2+\sigma^2)} \tag{11}$$

元の式 (10) に戻し、μ に関して定数とみなせるものを定数 k_1 とまとめて、

$$\pi(\mu \mid D) = k_1 e^{-\frac{(\mu-\mu_1)^2}{2\sigma_1^2}} \tag{12}$$

これは期待値 μ_1、分散 σ_1^2 の正規分布です。ここで、次のように略記しています。

$$\mu_1 = \frac{n\sigma_0^2\overline{x}+\sigma^2\mu_0}{n\sigma_0^2+\sigma^2}, \quad \sigma_1^2 = \frac{\sigma_0^2\sigma^2}{n\sigma_0^2+\sigma^2} \tag{13}$$

こうして、本付録の冒頭に示した公式 (1) が証明されました。

ついでに、事後分布 $\pi(\mu \mid D)$ の正式な形も明示しておきましょう。

$$\pi(\mu \mid D) = \frac{1}{\sqrt{2\pi}\,\sigma_1} e^{-\frac{(\mu-\mu_1)^2}{2\sigma_1^2}} \tag{14}$$

❖ 正規母集団から得た標本から周辺尤度を算出

(9)〜(12) から周辺尤度 $P(D)$ を求めましょう。(9) から、

$$P(D) = \left(\frac{1}{\sqrt{2\pi}\,\sigma}\right)^n \frac{1}{\sqrt{2\pi}\,\sigma_0} e^{-\frac{nS^2}{2\sigma^2}} \int_{-\infty}^{\infty} e^{-\frac{n(\mu-\overline{x})^2}{2\sigma^2} - \frac{(\mu-\mu_0)^2}{2\sigma_0^2}} d\mu$$

$$= \left(\frac{1}{\sqrt{2\pi}\,\sigma}\right)^n \frac{1}{\sqrt{2\pi}\,\sigma_0} e^{-\frac{nS^2}{2\sigma^2}} e^{-\frac{n(\mu_0-\overline{x})^2}{2(n\sigma_0^2+\sigma^2)}} \int_{-\infty}^{\infty} e^{-\frac{n\sigma_0^2+\sigma^2}{2\sigma_0^2\sigma^2}\left(\mu-\frac{n\sigma_0^2\overline{x}+\sigma^2\mu_0}{n\sigma_0^2+\sigma^2}\right)^2} d\mu$$

ここで、(13) の $\mu_1 = \dfrac{n\sigma_0^2\overline{x}+\sigma^2\mu_0}{n\sigma_0^2+\sigma^2}$、$\sigma_1^2 = \dfrac{\sigma_0^2\sigma^2}{n\sigma_0^2+\sigma^2}$ を代入して、

$$P(D) = \left(\frac{1}{\sqrt{2\pi}\,\sigma}\right)^n \frac{1}{\sqrt{2\pi}\,\sigma_0} e^{-\frac{nS^2}{2\sigma^2}} e^{-\frac{n(\mu_0-\overline{x})^2}{2(n\sigma_0^2+\sigma^2)}} \int_{-\infty}^{\infty} e^{-\frac{(\mu-\mu_1)^2}{2\sigma_1^2}} d\mu$$

さて、正規分布の公式から、

$$\int_{-\infty}^{\infty} e^{-\frac{(\mu-\mu_1)^2}{2\sigma_1^2}} d\mu = \sqrt{2\pi}\,\sigma_1$$

よって、

$$P(D) = \left(\frac{1}{\sqrt{2\pi}\,\sigma}\right)^n \frac{1}{\sqrt{2\pi}\,\sigma_0} e^{-\frac{nS^2}{2\sigma^2}} e^{-\frac{n(\mu_0-\overline{x})^2}{2(n\sigma_0^2+\sigma^2)}} \sqrt{2\pi}\,\sigma_1$$

これを整理すると、次の公式が得られます。

> **公式　正規母集団における周辺尤度の公式（分散既知）**
>
> $$\text{周辺尤度}\,P(D) = \left(\frac{1}{\sqrt{2\pi}\,\sigma}\right)^n \frac{\sigma_1}{\sigma_0} e^{-\frac{nS^2}{2\sigma^2}} e^{-\frac{n(\mu_0-\overline{x})^2}{2(n\sigma_0^2+\sigma^2)}} \qquad (15)$$

この公式は5章§6で利用されます。

❖単一データのとき

単一データのとき、すなわち$n=1$のときを考えて見ましょう。このとき、標本平均$\overline{x}$は得られた単一データ値xに等しいので、冒頭の公式は次のように簡単になります。ベイズ更新を利用して正規母集団のデータを逐次処理するときに便利な公式です。

> **公式　正規母集団における単一データの事後分布の期待値と分散**
>
> 正規分布$N(\mu, \sigma^2)$に従うデータxが得られたとき、μの事前分布が正規分$N(\mu_0, \sigma_0^2)$のとき、μの事後分布は正規分布$N(\mu_1, \sigma_1^2)$になる。ここで
>
> $$\mu_1 = \frac{\sigma_0^2 x + \sigma^2 \mu_0}{\sigma_0^2 + \sigma^2},\quad \sigma_1^2 = \frac{\sigma_0^2 \sigma^2}{\sigma_0^2 + \sigma^2} \qquad (14)$$

この公式は4章§4.3で利用されます。

付録E 逆ガンマ分布とガンマ分布の関係

逆ガンマ分布 $IG(\alpha, \gamma)$ の確率密度関数 $IG(x, \alpha, \lambda)$ は次のように定義されています（→6章§6.5）。

$$IG(x, \alpha, \lambda) = kx^{-\alpha-1}e^{-\lambda/x} \quad (k = \lambda^\alpha / \Gamma(\alpha)) \tag{1}$$

Excelには、逆ガンマ分布 $IG(\alpha, \lambda)$ のための関数はありません。そこで、次のガンマ分布との関係を利用します。

> **定理　逆ガンマ分布とガンマ分布の関係**
>
> 逆ガンマ分布はガンマ分布で変数 x を逆数 $\dfrac{1}{x}$ にしたときに同じ確率密度を与える確率分布である。

この関係が成立することを導き出してみましょう。

証明　ガンマ分布とはその確率密度関数 $Ga(x, \alpha, \lambda)$ が次のように定義される確率分布です（→§6.6）。

$$Ga(x, \alpha, \lambda) = kx^{\alpha-1}e^{-\lambda x} \quad (k = \lambda^\alpha / \Gamma(\alpha)) \tag{2}$$

微小区間 dx における確率を考え、この x に $\dfrac{1}{x}$ を代入して

$$Ga\left(\frac{1}{x}, \alpha, \lambda\right)\left|d\frac{1}{x}\right| = k\left(\frac{1}{x}\right)^{\alpha-1}e^{-\lambda\frac{1}{x}}\frac{1}{x^2}dx = kx^{-\alpha-1}e^{-\lambda/x}dx \tag{3}$$

また (1) から

$$IGa(x, \alpha, \lambda)dx = kx^{-\alpha-1}e^{-\lambda/x}dx$$

よって、逆ガンマ分布とガンマ分布との関係を示す上の定理が証明されたことになります　**(完)**

この **証明** からわかるように、ガンマ分布の確率密度関数 $Ga(x, \alpha, \lambda)$ の x を $1/x$ に変え、更に $1/x^2$ を掛けると、逆ガンマ分布の確率密度関数 $IGa(x, \alpha, \lambda)$ が得られます。

付録F 正規母集団の標本平均の扱い方（母分散未知のとき）

6章§6.5では、母分散未知の正規母集団から得られた標本を扱うとき、その母分散の自然な共役事前分布が逆ガンマ分布であるという下記の定理の証明の概略を示しました。ここで詳しく証明します。

公式　正規分布の自然な共役事前分布の公式（母分散既知）

正規母集団から大きさ n の標本を抽出し、標本平均 $\overline{x}$、標本分散 S^2 が得られたとする。このとき、母平均 μ、母分散 σ^2 の事前分布を各々

$$\text{正規分布}\,N\!\left(\mu_0,\,\frac{\sigma^2}{m_0}\right),\ \text{逆ガンマ分布}\,IG\!\left(\frac{n_0+1}{2},\,\frac{n_0 S_0}{2}\right)$$

の積としたとき、事後分布は

$$\text{正規分布}\,N\!\left(\mu_1,\,\frac{\sigma^2}{m_1}\right),\ \text{逆ガンマ分布}\,IG\!\left(\frac{n_1+1}{2},\,\frac{n_1 S_1}{2}\right)$$

の積になる。ここで、

$$\mu_1 = \frac{n\overline{x} + m_0\mu_0}{m_0 + n},\ m_1 = m_0 + n$$

$$n_1 = n_0 + n,\ n_1 S_1 = \frac{m_0 n}{m_0 + n}(\overline{x} - \mu_0)^2 + nS^2 + n_0 S_0$$

$$nS^2 = (x_1 - \overline{x})^2 + (x_2 - \overline{x})^2 + \cdots + (x_n - \overline{x})^2\ \ (S^2\text{は標本分散})$$

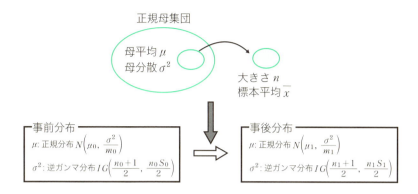

❖尤度の確定

正規母集団とは、そこから抽出した要素 X の値 x が次の確率分布に従う母集団です。μ は母平均、σ^2 は母分散を表します。

$$母集団分布：f(x) = \frac{1}{\sqrt{2\pi}\,\sigma} e^{-\frac{(x-\mu)^2}{2\sigma^2}} \tag{1}$$

正規母集団から抽出された大きさ n の標本からは、この(1)を用いて尤度 $f(D\,|\,\mu,\,\sigma^2)$ が次のように得られます（→付録Cの式(8)）。

$$f(D\,|\,\mu,\,\sigma^2) = \left(\frac{1}{\sqrt{2\pi}\,\sigma}\right)^n e^{-\frac{n(\mu-\overline{x})^2 + nS^2}{2\sigma^2}} \tag{2}$$

D は標本データ、$\overline{x}$ は標本平均、S^2 は標本分散を表します。

❖事前分布の設定

仮定から、母平均 μ の事前分布 $\pi(\mu\,|\,\sigma^2)$、母分散 σ^2 の事前分布 $\pi(\sigma^2)$ を次のようにセットします。

$$正規分布 N\!\left(\mu_0,\,\frac{\sigma^2}{m_0}\right)、\ 逆ガンマ分布 IG\!\left(\frac{n_0+1}{2},\,\frac{n_0 S_0}{2}\right)$$

すなわち、

$$\pi(\mu \mid \sigma^2) = \frac{\sqrt{m_0}}{\sqrt{2\pi}\,\sigma} e^{-\frac{m_0(\mu-\mu_0)^2}{2\sigma^2}} \quad (m_0、\mu_0 は定数) \tag{3}$$

$$\pi(\sigma^2) = k(\sigma^2)^{-\frac{n_0+1}{2}-1} e^{-\frac{n_0 S_0}{2\sigma^2}} \quad (k、n_0、S_0 は定数) \tag{4}$$

❖事後分布の算出

以上の (2)〜(4) をベイズ統計の基本公式に代入しましょう。すると事後分布 $\pi(\mu,\ \sigma^2 \mid D)$ が次のように得られます。

$$\pi(\mu,\ \sigma^2 \mid D)$$
$$= \frac{1}{P(D)}\left(\frac{1}{\sqrt{2\pi}\,\sigma}\right)^n e^{-\frac{n(\mu-\overline{x})^2 + nS^2}{2\sigma^2}} \frac{\sqrt{m_0}}{\sqrt{2\pi}\,\sigma} e^{-\frac{m_0(\mu-\mu_0)^2}{2\sigma^2}} k(\sigma^2)^{-\frac{n_0+1}{2}-1} e^{-\frac{n_0 S_0}{2\sigma^2}}$$

$P(D)$ は周辺尤度で μ、σ^2 に対して定数です。この $P(D)$ を含め、μ、σ^2 に関して定数のものは定数 k_1 とまとめると、

$$\pi(\mu,\ \sigma^2 \mid D) = k_1 \left(\frac{1}{\sigma}\right)^{n+1} e^{-\frac{n(\mu-\overline{x})^2 + nS^2}{2\sigma^2}} e^{-\frac{m_0(\mu-\mu_0)^2}{2\sigma^2}} (\sigma^2)^{-\frac{n_0+1}{2}-1} e^{-\frac{n_0 S_0}{2\sigma^2}}$$
$$= k_1 (\sigma^2)^{-\frac{n+n_0+2}{2}-1} e^{-\frac{n(\mu-\overline{x})^2 + nS^2 + m_0(\mu-\mu_0)^2 + n_0 S_0}{2\sigma^2}} \tag{5}$$

ここで、e の指数部の分子は次のように計算されます。

$$分子 = n(\mu-\overline{x})^2 + nS^2 + m_0(\mu-\mu_0)^2 + n_0 S_0$$
$$= (m_0+n)\left(\mu - \frac{n\overline{x}+m_0\mu_0}{m_0+n}\right)^2 - \frac{(n\overline{x}+m_0\mu_0)^2}{m_0+n} + n\overline{x}^2 + nS^2 + m_0\mu_0^2 + n_0 S_0$$

この後半部は次のように計算されます。

$$後半部 = -\frac{(n\overline{x}+m_0\mu_0)^2}{m_0+n} + n\overline{x}^2 + nS^2 + m_0\mu_0^2 + n_0 S_0$$
$$= \frac{-(n\overline{x}+m_0\mu_0)^2 + (m_0+n)(n\overline{x}^2 + m_0\mu_0^2)}{m_0+n} + nS^2 + n_0 S_0$$
$$= \frac{m_0 n(\overline{x}-\mu_0)^2}{m_0+n} + nS^2 + n_0 S_0$$

これを (5) に戻すと、式は次のようになります。

$$\pi(\mu, \sigma^2 \mid D) = k_1 (\sigma^2)^{-\frac{n+n_0+2}{2}-1} e^{-\frac{1}{2\sigma^2}\left\{(m_0+n)\left(\mu - \frac{n\overline{x}+m_0\mu_0}{m_0+n}\right)^2 + \frac{m_0 n(\overline{x}-\mu_0)^2}{m_0+n} + nS^2 + n_0 S_0\right\}}$$

$$= k_1 e^{-\frac{m_0+n}{2\sigma^2}\left(\mu - \frac{n\overline{x}+m_0\mu_0}{m_0+n}\right)^2} (\sigma^2)^{-\frac{n+n_0+2}{2}-1} e^{-\frac{1}{2\sigma^2}\left\{\frac{m_0 n(\overline{x}-\mu_0)^2}{m_0+n} + nS^2 + n_0 S_0\right\}}$$

$$= k_1 \frac{1}{\sigma} e^{-\frac{m_0+n}{2\sigma^2}\left(\mu - \frac{n\overline{x}+m_0\mu_0}{m_0+n}\right)^2} \times (\sigma^2)^{-\frac{n+n_0+1}{2}-1} e^{-\frac{1}{2\sigma^2}\left\{\frac{m_0 n(\overline{x}-\mu_0)^2}{m_0+n} + nS^2 + n_0 S_0\right\}}$$

定数部を除いて、正規分布 $N\left(\mu_1, \dfrac{\sigma^2}{m_1}\right)$、逆ガンマ分布 $IG\left(\dfrac{n_1+1}{2}, \dfrac{n_1 S_1}{2}\right)$ の積になっています。ここで、次のように定数を定義しています。

$$\mu_1 = \frac{n\overline{x}+m_0\mu_0}{m_0+n}、\quad m_1 = m_0+n$$

$$n_1 = n_0+n、\quad n_1 S_1 = \frac{m_0 n}{m_0+n}(\overline{x}-\mu_0)^2 + nS^2 + n_0 S_0$$

以上で、本付録冒頭に示した定理が証明されました。母平均と母分散が未知の正規母集団分布について、正規分布、逆ガンマ分布が順に母平均、母分散の自然な共役事前分布になっているのです。

付録G MCMC法のしくみ

　一般的に、関数の積分を、乱数を用いて近似計算する方法を**モンテカルロ法**といいます。特に **MCMC法**（Markov chain Monte Carlo methods）は、確率密度関数の値に比例した密度の点列を取り出し、効率のよい近似計算を可能にする論理です。この点列の取り出しを**サンプリング**といいますが、その方法は国民の意見聴取の方法と同じ考え方であることを、すでに7章§7.4で調べました。国民の総意を調べる際に、土地の面積ではなく人口密度に比例してモニターを抽出し意見を聞けば、少ない人数から効率的に国民全体の意見を吸い上げることが出来る、という考え方です。

❖メトロポリス法

　本書ではMCMC法の一つとして有名な**メトロポリス法**によるサンプリング法を利用しています。仕組みがわかりやすいので、MCMCの入門としては最適でしょう。

　メトロポリス法のイメージは登山のイメージに重なります。確率密度関数 $f(x)$ のグラフを山に見立て、登り部分ではひたすら登り、山頂部分では長く留まり、下り部分では軽快に下るという登山者を考えます。すると、彼の足跡がまさにMCMC法で求める点列になるのです。このような登山者の足跡は、山頂部で増え、麓では少なくなり、結果として確率密度関数 $f(x)$ の起伏を模した点列になるからです。

メトロポリス法で求める点列は登山者の足跡のイメージと重なる。

　このように点列を用いることで、平均値や分散など、統計で求めたい値が簡単に算出できます（→7章§4）。

　この登山者のイメージを数学的に表現してみましょう。登山者の**現位置**

x_t から、次の位置 x_{t+1} を次のように決めます。まず、ランダムに歩幅 ε（**迷歩幅**）を決め、踏み出そうとする先の地点 x'（$=x_t+\varepsilon$）を見ます（この x' を**候補位置**と呼びます）。そして踏み出すかどうかを下記規則に従って決定する方法がメトロポリス法です。新たな点に踏み出したとき、候補位置 x' を**受理**したといいます。

> **公式　メトロポリス法によるサンプリング公式**
>
> $f(x') \geqq f(x_t)$ ならば　$x_{t+1} = x'$ 　　　　　　　　　　(1)
>
> $f(x') < f(x_t)$ ならば $\begin{cases} 確率 r で x_{t+1} = x' \\ 確率 1-r で x_{t+1} = x_t \end{cases}$ 　(2)
>
> ここで、$r = \dfrac{f(x')}{f(x_t)}$ 　　　　　　　　　　　　　　(3)

イメージをつかむため、この原理を登山者の言葉で表現してみましょう。
上り坂ならば無条件に一歩登る（(1) 式）。
下り坂ならばその勾配 r に応じて下るか留まるかを決める（(2) 式）。

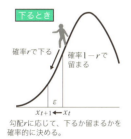
勾配 r に応じて、下るか留まるかを確率的に決める。

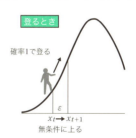
無条件に上る

こうして、確率密度関数に比例した密度の点列が得られることになります。

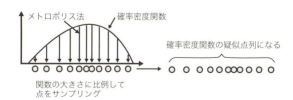

メトロポリス法をチャートにまとめてみましょう。これを基に、本書はExcelでメトロポリス法を実現しています。

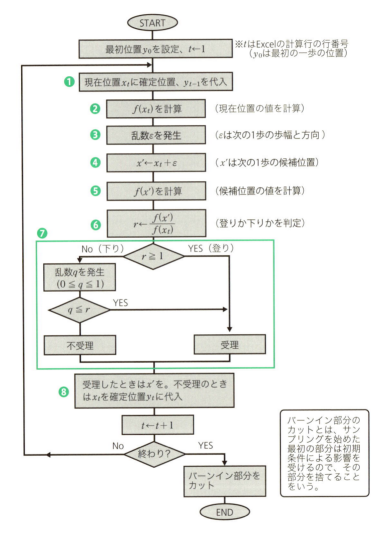

メトロポリス法のアルゴリズム。括弧( )のコメントは登山のたとえを示す。❶〜❽の番号は後の表（P.226）で解説に用いている。

以上は1変数xの関数$f(x)$で解説しましたが、変数が複数あるときにも、そのまま適用できます。解説に用いたxやεをベクトル、すなわち多次元座標と解釈すればよいからです。

❖具体例で調べてみよう

考え方を知るために、次の例題でメトロポリス法を調べてみましょう。

例題1 確率密度関数$f(x) = e^{-|x|}/2$について、メトロポリス法で5000個サンプリングせよ。また、それを用いて平均値と分散を求めよ。ただし、最初の1000個（バーンイン部分）は捨てることにする。

順を追って調べてみましょう。

①初期設定を行います。

サンプリングの初期位置（登山に例えるなら「最初の立ち位置」）を設定します。更に、乱数を発生させる際のパラメータを設定します。本書では迷歩幅を決定するために正規乱数を採用するので、その標準偏差を設定します。下記シートのE4には正規乱数の標準偏差（登山に例えるなら「平均的な歩幅」）を設定しています。

サンプリング用の初期位置を設定（最初の立ち位置）

サンプリングの際の正規乱数発生のパラメータ設定。その標準偏差を設定している。（受理率が50〜70%になるように設定。）

> **MEMO 正規乱数**
>
> 正規分布に従って得られる乱数を**正規乱数**と呼びます。様々なシミュレーションで利用されます。Excelでは、次のように関数を利用するとよいでしょう。
>
> =NORMINV(RAND(), 期待値, 標準偏差)

②1回目のサンプリングを行います。

1回目のサンプリングのために、次のように関数やセル番地を入力します。なお、❶〜❽のステップ番号は先のフローチャートに対応します。

step	セル	計算内容
❶	C7	現在位置の格納されたセル番地を入力。
❷	D7	現在位置の確率密度関数 $f(x) = e^{-|x|}$ の値を求める。
❸	E7	乱数を発生させ、迷歩幅を確定。
❹	F7	候補位置を求める。
❺	G7	候補位置の確率密度関数 $f(x) = e^{-|x|}$ の値を求める。
❻	H7	元位置と候補位置の確率密度関数値の比rを求める。
❼	I7	H7の値rが1以上なら1を設定。値rが1より小さければ、確率rで1、そうでなければ0を返す（本文（2）式参照）。
❽	J7	セルI7が1なら候補位置を受理し、0ならば元位置に留まる。

（注）step番号❶〜❽は次の付録Hでも利用します。

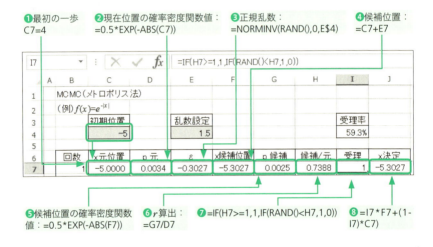

❶最初の一歩：C7=4
❷現在位置の確率密度関数値：=0.5*EXP(-ABS(C7))
❸正規乱数：=NORMINV(RAND(),0,E$4)
❹候補位置：=C7+E7
❺候補位置の確率密度関数値：=0.5*EXP(-ABS(F7))
❻r算出：=G7/D7
❼=IF(H7>=1,1,IF(RAND()<H7,1,0))
❽=I7*F7+(1-I7)*C7

③ 2回目のサンプリングを行います。

1回目のサンプリングの結果を2回目の行の先頭にあるセルC8にセットします。同じ行の他のセルにはその上の行の関数をコピーします。

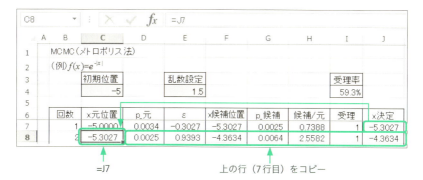

④ 以上で基本的な表は完成です。

上記③で作成した行（8行目）をそのまま5006行目までコピーします。

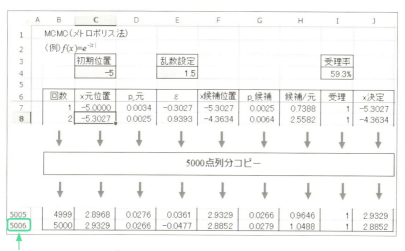

⑤バーンイン部分を除いたものが目的の点列です。

題意にあるように、サンプリングした点列の1000点目までを削除し、1001〜5000番までの点を採用します。すなわち、サンプリングされた点列の中でC1007：C5006の部分を利用します。C9：C1008の部分は初期値（セルC4の値）の影響受けるものとして除くのです（この部分を**バーンイン**と呼びます）。これが 例題 の解答となる点列です。

	A	B	C	D	E	F	G	H	I	J
1	MCMC（メトロポリス法）									
2	（例）$f(x)=e^{-|x|}$									
3			初期位置		乱数設定				受理率	
4			−5		1.5				59.3%	
5										
6		回数	x元位置	p_元	ε	x候補位置	p_候補	候補/元	受理	x決定
1007		1001	1.7546	0.0865	0.5229	2.2775	0.0513	0.5928	1	2.2775
1008		1002	2.2775	0.0513	−1.4465	0.8310	0.2178	4.2481	1	0.8310
1009		1003	0.8310	0.2178	1.4567	2.2877	0.0507	0.2330	0	0.8310
1010		1004	0.8310	0.2178	2.4533	3.2843	0.0187	0.0860	1	3.2843
1011		1005	3.2843	0.0187	0.0161	3.3004	0.0184	0.9840	1	3.3004
5005		4999	2.8968	0.0276	0.0361	2.9329	0.0266	0.9646	1	2.9329
5006		5000	2.9329	0.0266	−0.0477	2.8852	0.0279	1.0488	1	2.8852

目的の点列。この4000個が関数$f(x)$を代表。

⑥サンプリングされた点列で統計量の計算をしてみましょう。

サンプリングした点列から平均値と分散を求めてみましょう。これらは7章§7.4の公式（3）から、次のように算出できます。

期待値μ	=SUM(C1007:C5006)/4000
分散σ^2	=SUMSQ(C1007:C5006)/4000 − μ^2

（注）4000はサンプリングされた点列の個数です。

上記のサンプリングによって得られた点列から、期待値と分散を計算しましょう（下表）。これが 例題 の解答になります。

	計算値	理論値
期待値μ	0.11	0
分散σ^2	2.12	2

理論値とずれているが、5000点のサンプリングでは、この程度の誤差が伴う。（F9キーを押し、何度も再計算させてみよう。）

参考までに、サンプリングされた点列の密度をグラフに示してみましょう。確率密度関数$f(x)=e^{-|x|}/2$のグラフとよく重なっていることを確認してください。

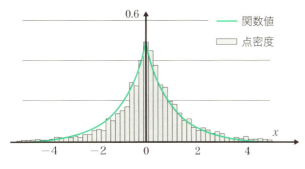

得られた点列を区間あたりの密度に換算して、確率密度関数と共に図示。よく一致している。F9キーを押し、何度も再計算させてみよう。

メトロポリス法を用いたサンプリングが確率密度関数の値をよく近似していることが分かります。

> **MEMO　MCMC法は何が優れているのか**
>
> 本節の例は1変数関数についてMCMC法を適用しました。しかし、このMCMC法の実力が発揮されるのは、1変数関数ではなく、多変数関数の場合です。変数がいくら増えても、点列は1次元的であり、和の計算は簡単です。そして、その和が積分の近似値になるわけですから、積分計算は実に簡単になるのです。
>
>
>
> MCMC法を登山に例えるなら、足跡がサンプリングされた点列である。立体的な山を登っても、足跡は1次元的であり、その和の計算は簡単。これがMCMC法の極意。

付録H 階層ベイズ法の問題をMCMC法で計算

7章§7.4の 例題 は階層ベイズ法で得られた事後分布から統計量をMCMC法で計算しました。その計算法の詳細をここで調べましょう。

最初に問題とその結論を簡単に確認します。

例題 A大学に通う大学生100人を無作為に抽出し、各人に2者択一の問題10問を解いてもらいました。集計したところ、正解数の人数分布は次の通りになりました。

点	0	1	2	3	4	5	6	7	8	9	10	計
人数	12	11	10	7	5	5	7	8	9	12	14	100

このデータを分析するために次の統計モデルを作成しました。

式 MCMC法で計算する具体式

各学生の持つ解決能力 q_i は次のように表せると仮定する。

$$q_i = \frac{1}{1+e^{-\beta-\gamma_i}} \quad (i=1, 2, 3, \cdots, 100) \tag{1}$$

このとき、i 番目の学生の正解数を a_i としたとき、事後分布は次のように表される。

$$\begin{aligned}
&\text{事後分布}\,\pi(\beta, \sigma, \gamma_1, \gamma_2, \cdots, \gamma_{100} \mid a_1, a_1, \cdots, a_{100}) \\
&= kf(a_1 \mid \beta, \gamma_1, \sigma^2)f(a_1 \mid \beta, \gamma_2, \sigma^2)\cdots f(a_{100} \mid \beta, \gamma_{100}, \sigma^2) \\
&\quad \times \frac{1}{\sqrt{2\pi}\times 10}e^{-\frac{\beta^2}{2\times 10^2}}Ga(\sigma^2, 1, 0.2)
\end{aligned} \tag{2}$$

ここで k は正の定数であり、$f(a_i \mid \beta, \gamma_i, \sigma^2)$ は次のように定義される。

$$f(a_i \mid \beta, \gamma_i, \sigma^2) = {}_{10}C_{a_i}\,q_i{}^{a_i}(1-q_i)^{10-a_i}\frac{1}{\sqrt{2\pi}\,\sigma}e^{-\frac{r_i^2}{2\sigma^2}} \tag{3}$$

目標は事後分布(2)を擬似する点列をMCMC法からサンプリングすることです。本書ではMCMC法の一つであるメトロポリス法を利用しますが、その計算法は前の付録Gと全く同じです。ただし、変数が多いので、付録Gで行った各❶〜❽ステップをワークシート単位で行います。

①初期設定を行います。

ワークシートを次のように8枚用意します。❶〜❽の意味は付録Gを参照しましょう。

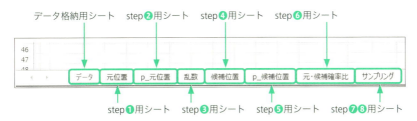

最初のシートにはデータ（ 例題 の集計表）をまとめます。残りの7枚は、前の付録Gで調べた8つのステップを実行するためのものです。（step❼と❽のワークシートは1枚にまとめています。）

②1回目のサンプリングを行います。

step❶ 「元位置」シートにおいて、新たなサンプリング操作前の元位置の格納されたセル番地を入力します。1回目なので、初期設定値の収まるセル番地を入力します。

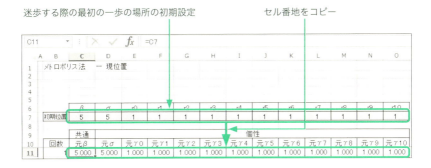

step ❷ 元位置の確率密度関数値を求めます。

「p_元位置」シートにおいて、元位置における (2) の事後分布の値を算出します。本書ではその値の対数を求めています。

σ_β の値設定
(β の事前分布の標準偏差)

(2) の $Ga(\sigma^2, 1, 0.2)$ の定数設定

関数 (3) の値：=LN(BINOM.DIST(E$3,$O$3,1/(1+ EXP(-元位置!$C11-元位置!E11)), 0)*NORM.DIST(元位置!E11,0,元位置!$D11,0))

(2) の β の事前分布の値：
=LN(NORM.DIST(元位置!C11,0,C4,0))

(2) の $Ga(\sigma^2, 1, 0.2)$ の値：
=LN(GAMMA.DIST(元位置!D11^2, D6, D7, 0))

右端までコピー

step ❸ 乱数を発生させ、迷歩幅を確定します。

「乱数」シートにおいて、発生する正規乱数の標準偏差を設定し、迷歩幅を与える正規乱数を各パラメータごとに発生させる。

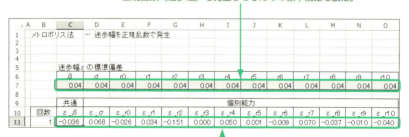

正規乱数（迷歩幅）を発生させるための標準偏差を設定。

正規乱数を発生：例えばC11は =NORMINV(RAND(),0,C$7)

step❹ 候補位置を求めます。

「候補位置」シートにおいて、**step❶**の元位置に**step❸**の迷歩幅を加え、次の候補位置を求めます。

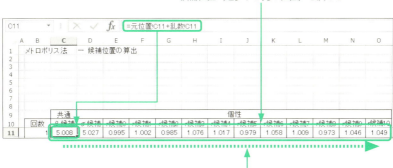

候補位置（迷歩する先の位置）を決める

右端までコピー

step❺ 候補位置の確率密度関数値を求めます。

「p_候補位置」シートにおいて、候補位置における（2）の事後分布の値を算出します。本書ではその値の対数を求めています。Excel関数は**step❷**と同様です。

σ_βの値設定
（βの事前分布の分散）

（2）の
$Ga(\sigma^2, 1, 0.2)$
の定数設定

関数（3）の値：=LN(BINOM.DIST(E$3,$O$3,1/(1+EXP(-候補位置!$C11-候補位置!E11)), 0)* NORM.DIST(候補位置!E11,0,候補位置!$D11,0))

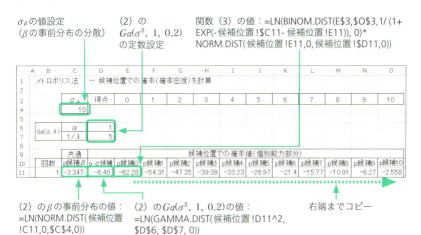

（2）のβの事前分布の値：
=LN(NORM.DIST(候補位置!C11,0,C4,0))

（2）の$Ga(\sigma^2, 1, 0.2)$の値：
=LN(GAMMA.DIST(候補位置!D11^2, D6, D7, 0))

右端までコピー

step ❻ 元位置と候補位置の確率密度関数値の比 r を求める。

「元・候補確率比」シートにおいて、先の付録Gに示した「メトロポリス法」の公式（3）に対応する部分を処理します。候補位置と現位置との事後分布の確率比を計算します。ここでは対数を利用していることに留意してください。

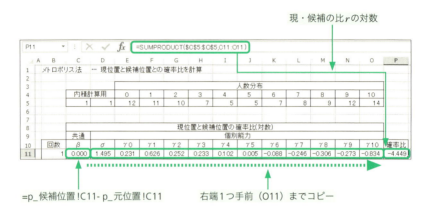

step ❼ と ❽　step ❻で求めた確率比 r が1以上（その対数が0以上）なら1を設定。比 r が1より小さければ（その対数が負ならば）、確率 r で1、そうでなければ0を返します。1なら候補位置を受理し新たな現在位置にします。0ならば受理せず、その位置を廃棄します。

「サンプリング」シートにおいて、先の付録Gの公式（1）（2）に対応する部分を処理します。メトロポリス法のキモの部分です。

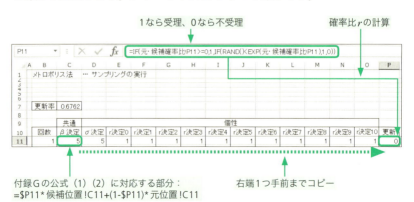

③2回目以降のサンプリングを行います。

以上で作成した1回目のサンプリングの処理コードの行を、各シートの2回目の行以降にコピーします。

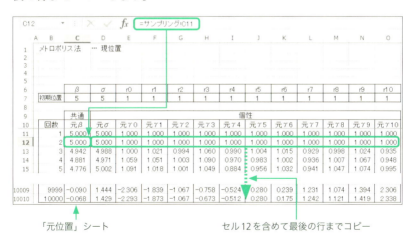

ただし、「元位置」シートでは、step❼❽で作成した処理コードの行のセル番地を2回目にコピーします。その後に2回目の処理コードの行を最後の行までコピーします。

以上で表は完成です。

④サンプリングされた点列で統計量の計算をします。

　以上で、統計モデルを支えるパラメータ（母数）の確率分布を表現する点列が得られました。③の「元位置」シート（前ページの下の図）において、11〜10010行の各変数の値がMCMCによるサンプリングの結果です。

　この「元位置」シートのバーンイン部分（11〜5010行）を除き、5011〜C10011の5000行部分を利用することにしましょう。共通能力β、個別能力の標準偏差σ、個別能力のγ_0、γ_1の期待値は、これらの点列を利用して次のように求められます。（他の変数（すなわち母数）についても、同様に算出できます。）

βの期待値	=AVERAGE(元位置!C5011:C10010)
γの標準偏差σの期待値	=AVERAGE(元位置!D5011:D10010)
γ_0の期待値	=AVERAGE(元位置!E5011:E10010)
γ_1の期待値	=AVERAGE(元位置!F5011:F10010)

　再計算し（F9キーを押し）、何回もサンプリング操作を行ってみましょう。このMCMC法の精度が確認できます。

> **MEMO　確率rで$x_{t+1}=x'$という論理の実現法**
>
> 付録Gで調べたメトロポリス法のキモの部分である公式（2）では、「確率rで$x_{t+1}=x'$」という論理があります。これはどうやって実現するのでしょうか？
> この論理をExcelで実現するのは簡単です。それが**step ❼**と❽のシートで用いた次の関数です。
> IF(RAND()<ratio,1,0)　（ratioは上記の比rが収められているセル番地）
> RAND()は0から1までの一様分布の乱数を出力してくれます。したがって、このIF関数では、確率rで1が算出され、確率$1-r$で0が算出されることになるのです。こうして、0か1かで、候補位置x'をサンプリングするかどうかを決定できます。

索引

英字

MAP推定法 — 70, 136
MCMC法 — 198, 222
SEM — 192

ア行

一様分布 — 103, 115
親ノード — 77

カ行

回帰係数 — 145
回帰直線 — 145
回帰分析 — 145
回帰方程式 — 145
階層ベイズ法 — 190
確信区間 — 135
確率分布 — 29
確率分布表 — 29
確率変数 — 29
確率密度関数 — 30
加法定理 — 19
ガンマ分布 — 179
規格化 — 22
規格化定数 — 22
期待値 — 29
逆ガンマ分布 — 170
共分散構造分析 — 192
空事象 — 19
区間推定 — 131
現位置 — 222
原因の確率 — 43
候補位置 — 223
子ノード — 77

コルモゴロフの確率の公理 — 21
根元事象 — 16

サ行

最尤推定値 — 35
最尤推定法 — 35
残差 — 146
サンプリング — 222
試行 — 16
事後確率 — 44
事後分布 — 91
事象 — 16
自然な共役事前分布 — 156
事前確率 — 44
事前分布 — 12, 91
実測値 — 145
周辺確率 — 39
周辺分布 — 39
周辺尤度 — 44
主観確率 — 14
受理 — 223
条件付き確率 — 23
乗法定理 — 24
信念ネットワーク — 76
信用区間 — 135
信頼区間の公式 — 132
正規分布 — 166
正規母集団 — 128
積事象 — 18
切片 — 145
説明変数 — 145
全確率の定理 — 25
全事象 — 16

ソルバー —— 37

タ行

対数尤度 —— 35
単純ベイズ分類 —— 65
逐次合理性 —— 61
中心極限定理 —— 132
同時確率 —— 18
同時分布 —— 38
独立試行の定理 —— 27

ナ行

ナイーブベイズ分類 —— 65
二項係数 —— 28
二項分布 —— 124, 157
ノード —— 76

ハ行

バーンイン —— 225
ハイパーパラメータ —— 191
排反 —— 19
排反事象 —— 19
反復試行 —— 28
反復試行の確率の定理 —— 28
標準偏差 —— 29
標本平均 —— 128
ビリーフネットワーク —— 76
頻度論 —— 10
頻度論の確率の定義 —— 17
復元抽出 —— 27
分散 —— 29
分散の計算公式 —— 32
ベイジアンネットワーク —— 76
ベイズ因子 —— 139
ベイズ推定 —— 131
ベイズ統計学の基本公式 —— 91
ベイズネットワーク —— 76
ベイズの基本公式 —— 48
ベイズの定理 —— 42
ベイズフィルター —— 64
ベータ分布 —— 157
ベルヌーイ試行 —— 114, 157
ベルヌーイ分布 —— 114, 157
ポアソン分布 —— 178
母数 —— 34

マ行

マルコフ条件 —— 77
無情報事前分布 —— 98
迷歩幅 —— 223
メトロポリス法 —— 222
目的変量 —— 145
モンテカルロ法 —— 222

ヤ行

尤度 —— 44
尤度関数 —— 34
予測値 —— 145

ラ行

理由不十分の原則 —— 57
ロジットモデル —— 196

ワ行

和事象 —— 18

Profile

涌井 良幸（わくい よしゆき）

1950年、東京都生まれ。東京教育大学（現・筑波大学）数学科を卒業後、千葉県立高等学校の教職に就く。
教職退職後はライターとして著作活動に専念。

涌井 貞美（わくい さだみ）

1952年、東京生まれ。東京大学理学系研究科修士課程修了後、富士通、神奈川県立高等学校教員を経て、サイエンスライターとして独立。

本書へのご意見、ご感想は、技術評論社ホームページ（http://gihyo.jp/）または以下の宛先へ、書面にてお受けしております。電話でのお問い合わせにはお答えいたしかねますので、あらかじめご了承ください。

〒162-0846　東京都新宿区市谷左内町21-13
株式会社技術評論社　書籍編集部
『身につく ベイズ統計学』係
FAX：03-3267-2271

●装丁：オガワデザイン
●本文：BUCH⁺

ファーストブックSTEP
身につく
ベイズ統計学

2016年5月25日　初版　第1刷発行
2025年2月13日　初版　第2刷発行

著　者　涌井良幸・涌井貞美
発 行 者　片岡 巌
発 行 所　株式会社技術評論社
　　　　　東京都新宿区市谷左内町21-13
　　　　　電話　03-3513-6150　販売促進部
　　　　　　　　03-3267-2270　書籍編集部
印刷／製本　日経印刷株式会社

定価はカバーに表示してあります。

本の一部または全部を著作権の定める範囲を超え、無断で複写、複製、転載、テープ化、あるいはファイルに落とすことを禁じます。
造本には細心の注意を払っておりますが、万一、乱丁（ページの乱れ）や落丁（ページの抜け）がございましたら、小社販売促進部までお送りください。
送料小社負担にてお取り替えいたします。

©2016 涌井良幸、涌井貞美
ISBN978-4-7741-8074-8 C3041
Printed in Japan